关键时刻可以救命的N个为什么

U0352218

写组◎编著

朝华出版社
BLOSSOM PRESS

图书在版编目（CIP）数据

关键时刻可以救命的 N 个为什么 / 优可编写组编著
. -- 北京：朝华出版社，2022.3
ISBN 978-7-5054-4872-8

Ⅰ．①关… Ⅱ．①优… Ⅲ．①安全教育－少儿读物
Ⅳ．①X956-49

中国版本图书馆 CIP 数据核字(2021)第 259299 号

关键时刻可以救命的 N 个为什么

作　　者　优可编写组

责任编辑　王　丹
责任印制　陆竞赢　崔　航
装帧设计　柳伟毅

出版发行　朝华出版社
社　　址　北京市西城区百万庄大街 24 号　　**邮政编码**　100037
订购电话　（010）68996050　68996522
传　　真　（010）88415258（发行部）
联系版权　zhbq@cipg.org.cn
网　　址　http://zhcb.cipg.org.cn
印　　刷　三河市祥达印刷包装有限公司
经　　销　全国新华书店
开　　本　880mm×1230mm　1/32　　**字　　数**　112 千字
印　　张　5
版　　次　2022 年 3 月第 1 版　2022 年 3 月第 1 次印刷
装　　别　平
书　　号　ISBN 978-7-5054-4872-8
定　　价　29.80 元

主角介绍

◎ **爱提问的兰兰**

兰兰是一个爱学习的小学生，她在生活和学习中善于发现问题，经常积极提问，不断去探究问题的答案。

◎ **博学的爷爷**

兰兰的爷爷是一位退休的大学教授，学识渊博，能用简单的方式把一个很复杂的问题讲得又清楚又有趣。

快来跟随我们的两位主角学习一下关键时刻可以救命的方法吧！

目　录

校园安全

外出安全

防范侵害

家庭安全

01

为什么不能用
湿抹布擦拭电插板?

　　一个周末,兰兰一家准备大扫除,爷爷给每个人都分配了任务,兰兰负责擦拭家里的各个角落,爷爷年纪大了负责监督。兰兰擦了桌子、椅子、窗台,刚洗好抹布准备去擦电插板,爷爷大声喊道:"兰兰快停下,不要用湿抹布擦拭电插板!"

·提问小课堂·

🧒**兰兰** 爷爷,您为什么要阻止我用湿抹布擦拭电插板?

👴**爷爷** 傻孩子,你看你拔掉电源插头了吗?用湿抹布擦拭电插板或开关有可能会造成触电事故。即使你擦拭前拔了插头,这也是非常危险的事情,因为用湿抹布擦拭开关、电插板，抹布上的水会使开关变得潮湿，电插板也极有可能会出现短路，从而出现冒火花、电器故障等问题。

兰兰 那怎么擦拭电插板才是正确的呢？

爷爷 擦拭电插板的正确方法应该是先拔下电插板连接电源的线，再拔下电插板上的所有电器插头，然后用吸尘器吸出电插板里的尘土，或者把电插板倒过来，轻轻拍打底部，这样就可以轻易把积累的灰尘倒出来，最后再用干抹布擦去面板表面的脏污。需要注意的是，不要用力过大或磕碰电插板，这样容易损坏电插板的内部零件。

02

油锅着火了
应该怎么灭火？

兰兰数学考试考了全班第一，妈妈打算做一桌好菜犒劳一下兰兰。妈妈点火后往锅里倒了油，又在一旁切菜，兰兰也在一旁学习。突然，油锅起火了，兰兰妈妈舀了一勺水泼入熊熊燃烧的油锅，火苗瞬间膨胀成了几米高的"火龙"，这时爷爷闻声赶来，关掉了煤气灶，往油锅里扔了一把大白菜，顺手盖上锅盖，火终于熄灭了。

提问小课堂

兰兰 爷爷，您刚才太勇敢了，我吓得都不敢动了。

爷爷 油锅起火这种情况时有发生，许多人一看到起火了就开始慌张，直觉反应就是用水来灭火，但是油碰到水反而会更加危险。

兰兰 为什么不能用水灭火呢？

爷爷 水不但不能灭火，反而会将火势扩大。因为油的密度比水小，且不溶于水，反而会浮于水面之上，仍能继续燃烧，而水往别处流动，会把火势带到别的地方，继续蔓延。

兰兰 那正确的灭火方式是像您刚才那样做的吗？

爷爷 是的，正确的灭火方式是这样的：第一步，直接关掉灶台的开关，并迅速拧紧煤气或燃气的开关，这是为了防止大火继续燃烧引发爆炸。第二步，用锅盖盖住着火的油锅，让火焰自然熄灭，这么做是为了阻绝火焰与外界空气的持续接触，不让火焰越来越大。如果火焰很大的话，可将毛巾打湿，直接覆盖在油锅上。或者扔一把蔬菜，下了蔬菜之后油锅温度会降低，火焰自然就熄灭了。

兰兰 爷爷，我明白了，我这就去告诉妈妈，让她也好好学习一下。

03

家里遇到小偷怎么办?

爷爷接兰兰放学回家，看到自己家楼下被围得水泄不通，爷爷了解一番情况后才知道，昨晚有一户人家东西被偷了，

今天报警了。兰兰听完也跟着紧张起来，她的脑海里出现了小偷进自己家偷东西的情景，急忙问爷爷，小偷什么时候才能被抓住。

·提问小课堂·

兰兰 爷爷，如果有一天我在家遇到了小偷，我该怎么办呢？

爷爷 如果你在家遇到小偷，你可以做出必要的动静以示家里有人，小偷自然就会走开，不敢下手。假如你发现小偷已经在行窃，而此时小偷并不知道你在家里，那么你就不要声张，如果有手机就用手机报警，如果没办法报警，你可以想方设法离开。不能离开就只能选择以静制动，你就佯装不知道，尽量避开与小偷正面冲突，同时尽量注意小偷的体貌特征，以便报警时可以准确向警方提供有效信息。偷窃行为转化成行凶抢劫是常有的事，我们保证自身安全尤为重要。

04

如何正确使用燃气灶？

兰兰半夜饿了，想起来煮碗面吃，但是自己又不会开燃气灶，跟爸爸妈妈说又怕他们生气说自己不好好吃晚饭，只能去求爷爷，爷爷亲自下厨给兰兰煮了碗面。兰兰表示，只要爷爷教会自己怎么使用燃气灶，以后就可以自己煮面吃了。

·提问小课堂·

兰兰 好爷爷，辛苦您了！快告诉我怎么使用燃气灶吧，这样我以后就可以自己做夜宵了。

爷爷 告诉你怎么用燃气灶没问题，做饭你还是再等等吧。首先，打开气源开关，逆时针旋转按钮90°点火，需要注意的是，出现火苗后不能马上松开，至少要按下开关两秒以上才能松开，这时燃气才会开气正常燃烧；其次，调节火焰大小时，一定要缓慢转动，切忌猛开猛关，以防损坏。

兰兰 那大小火怎么区分呢？

爷爷 如果火焰为明黄色，说明火焰温度较低，火力较小；如果火焰为纯净的蓝色，说明火焰温度较高，火力较大。如果炒菜，大火爆炒比较好吃；如果炖汤，可以先用大火烧开，再用小火煮。

兰兰 爷爷，等着我成为小厨师给您做饭吃吧！

05

药吃得越多，
病就好得越快吗？

最近气温下降，兰兰感冒了，她从家里的药箱中找出各种感冒药，每种药都取出几粒，她接了一杯热水，刚准备吃下那满满一大把的感冒药，就被爷爷制止了。

·提问小课堂·

兰兰 爷爷，我感冒了为什么不让我吃药啊？

爷爷 不能盲目服用感冒药，因为感冒药的主要成分是对乙酰氨基酚，这种成分是肝脏的天敌。少量的对乙酰氨基酚肝脏还能应付，它会将对乙酰氨基酚分解，变成水溶性物质，随尿液排出。可一旦有大量的乙酰氨基酚进入人体，肝脏就受不了了。

兰兰 那应该怎样安全地服用感冒药呢？

爷爷 我们应遵医嘱服用感冒药。没有医嘱的情况下，要记得看成分，毕竟是药三分毒，而且感冒药尽量不要混用，要按着说明书吃。儿童对乙酰氨基酚用量按照每千克体重10～15毫克，要分次服用，每4～6小时一次。

06 为什么这些花草不能放在卧室？

　　爷爷带兰兰来花卉市场买花，兰兰在一个摊位上看到一盆美丽的花——风信子，立刻就被吸引了，缠着爷爷给她买一盆，想放在卧室养。但是爷爷说："可以买，但是不能放在卧室。"

·提问小课堂·

兰兰 爷爷，为什么风信子不能放在卧室呢?

爷爷 风信子其实是一种带有少量毒素的花卉，它开出的花朵没有毒，但是产生的花粉能够在空气中散播，会让花粉过敏体质人群产生过敏反应。晚上睡觉

的时候闻了过多的风信子香气有可能失眠，而且风信子的香气很浓郁，会使卧室内的清新空气变混浊，给身体带来不良的影响。因此，风信子最好不要放在卧室内。另外，风信子的球茎有一定的毒性，误食了这种东西可能会出现胃痛、腹泻、头晕的症状，如果食入的量过多，很可能有生命危险。

兰兰 那风信子不能放在卧室，可以放在您的书房吗?

爷爷 也不可以，风信子尽量不要放到书房，因为那样很容易影响读书效率，甚至造成大脑缺氧。

兰兰 那风信子应该摆放在哪里呢？

爷爷 风信子应该放在通风环境较好的地方，通常放在阳台最佳，具有很好的观赏效果。

兰兰 那还有哪些花不能放在卧室呢？

爷爷 夜来香、含羞草、郁金香、百合、月季等花，这些都不能放在卧室。

07 高处的物品 为什么不能自己拿下来？

兰兰的朋友叫兰兰出去打羽毛球，但是羽毛球拍放在衣柜顶上。兰兰灵机一动，去书房搬来一个凳子放在衣柜前，兰兰刚脱了鞋站到凳子上，就被爷爷抱了下来。

·提问小课堂·

兰兰 爷爷，我离羽毛球拍就"一步之遥"了，您怎么把我抱下来了呢？

爷爷 站在凳子上去拿高处的物品是很不安全的，那样很容易摔下来，发生危险。当你需要拿高处的物品时，千万不要站在不牢固的凳子上，更不能站在凳子上踮起脚，以免不慎摔倒，要去找家里的大人帮你拿。

08

捉迷藏不能藏在哪里？

兰兰和爷爷在家里玩捉迷藏。一开始，兰兰东躲西藏，每次都能被爷爷找到，于是兰兰准备躲到一个隐蔽的地方——洗衣机里。兰兰在洗衣机里紧张得大气都不敢出，听着爷爷跑来跑去的脚步声，兰兰心想自己得逞了，当爷爷来到卫生间找她的时候，兰兰推开洗衣机的盖子，吓了爷爷一大跳。

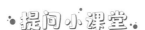

·提问小课堂·

兰兰 爷爷，我厉害吧，您一直找不到我。

爷爷 兰兰，捉迷藏不能躲在洗衣机里，会有很多安全隐患的，万一洗衣机盖子打不开了，爷爷又找不到你，你在里面会窒息的。

兰兰 这么危险啊！那除了洗衣机，还不能藏在哪里呀?

爷爷 不能躲在柜子里面，柜子里空气不流通，玩捉迷藏时，若是别的小朋友很久都找不到你，可能会放弃寻找，或者大家不玩了，散伙回家了，但是躲在柜子里的你不一定知道出来，在柜子里面时间长了，可能会引起窒息，这是十分危险的。不能躲在门后面，因为别的小朋友找你的时候，不一定知道你在门后面，一推门，也许会把你夹伤。也不能躲在有许多电线或插座的地方，小朋友玩的时候会流很多汗，手心也可能会有汗，一不小心碰到电线插头或插座插孔，或者有的小朋友出于好奇心用手触摸电插孔，就可能会有触电的危险，随时都会危及生命。

09 杀虫剂是杀虫的，对人也有害吗？

晚饭过后，兰兰躺在沙发上看动画片。不一会儿，有几只蚊子悄悄地飞过来，其中一只蚊子狠狠地叮在了兰兰的胳膊上。兰兰被叮了一个大包，哪儿还有心思看动画片，直接跑到杂物间拿起杀虫剂，追着蚊子满屋子乱喷。这时，爷爷遛弯儿回来了，看到兰兰在乱喷杀虫剂，连忙阻拦她："快停下，不能乱喷杀虫剂。"

·提问小课堂·

兰兰 爷爷，这么多蚊子，为什么不能喷杀虫剂呢？

爷爷 杀虫剂具有一定的毒性，会危害人的神经系统、呼吸系统。因此，使用杀虫剂时要注意喷口的方向，不要对着人的方向喷射，而且喷射的量不要过大。

兰兰 如果只喷少量的呢？

爷爷 那也需要把房间内所有的食品都放进柜子里，以免它们受到污染，否则食用后会引起食物中毒。另外，在喷完杀虫剂后，人最好离开房间，关闭门窗半小时到一小时，再进入房间开窗通风。

10 水银体温计碎了能徒手捡起来吗？

疫情期间，兰兰的学校要求每天都居家量体温。兰兰午睡之后还迷迷糊糊的，一不小心打碎了体温计，她刚准备伸手捡起来，就被爷爷制止了。

·提问小课堂·

兰兰 爷爷，体温计打碎了不能用手捡起来吗？

爷爷 水银体温计打碎之后，里面的汞就进入常温状态，可蒸发产生剧毒。同时，汞还可以轻易通过皮肤、呼吸道、消化道被人体吸收，造成多个系统的损害，特别是神经系统。

兰兰 那正确的处理方法是什么呢？

爷爷 水银体温计打破之后应该先戴上手套，手套戴好了之后再把碎片捡起来放入袋子里面，收集好散落的水银，不要用扫把去扫，或者用拖把去拖，因为这样有可能会让水银变成一些散落的小水银珠，如果家里有胶带的话，可以用胶带去粘。另外，体温计打碎之后，小水银珠可能会溅到很远的地方，所以一定要仔细地检查一下屋子里面是不是有一些小小的水银珠，如果家里有硫黄粉的话，在水银珠上面撒上一点儿硫黄粉也是可以的。

11 电视机 "发火" 了怎么办?

暑假，兰兰躺在沙发上看动画片。突然，电视机自燃了，兰兰拼命地大叫起来："救命啊，着火啦！"兰兰的尖叫声惊醒了正在熟睡的爷爷。爷爷看见这场景，赶快切断了电源，拿起家里的灭火器灭火。

·提问小课堂·

兰兰 爷爷，电视机起火了怎么办呢？

爷爷 首先拔掉电源插头，然后用厚棉被将电视机盖上，不要用化纤衣物盖，以防引燃，可用干粉灭火器或二氧化碳灭火器灭火。灭火时，人应从电视机侧面或后面靠近，以防显像管爆炸伤到人。如果灭不了火，应立即报"119"火警。

兰兰 为什么电视机会着火呢？

爷爷 一般这几种情况会导致电视机着火：高压放电着火、电视机电子元件本身质量问题、通风不良、电视机内温度过高、电源变压器起火。

兰兰 那怎么才能预防电视机起火呢？

爷爷 电视机要放在通风良好的地方，不要放在封闭的柜橱中。电视机不要靠近火炉、暖气管。连续收看时间不宜过长。电源电压要正常，看完电视后，要切断电源。在多雨季节，应注意电视机防潮，电视机若长期不用，要每隔一段时间使用几小时。在使用过程中，要防止液体进入电视机。室外天线或共用天线要有防雷设施。此外，雷雨天尽量不用室外天线。

12

开水烫到
手能用牙膏涂抹吗?

兰兰放学回家，想给爷爷看看她今天新做的手工，便急急忙忙跑去书房找爷爷，不小心撞翻了爷爷书桌上的茶杯，滚烫的热水洒到了她的手上。爷爷立即用冷水给兰兰反复冲洗，并帮兰兰把衣服袖子卷上去。爷爷看到兰兰被烫出很多小水泡，心疼极了，赶紧带她去了医院。

·:提问小课堂·:

兰兰 爷爷，烫伤后您为什么不用牙膏给我涂抹伤处呢？

爷爷 因为牙膏不仅影响烫伤处热量的散发，还会增加医生清理伤处的难度，而且牙膏本身有一定的刺激性，会加重对烫伤部位的刺激。除此之外，牙膏并非无菌，可能会造成烫伤创面的感染，所以不建议用牙膏涂抹烫伤处。

兰兰 那烫伤后正确的处理方法是什么呀？

爷爷 第一时间用干净流动的冷水进行冲洗。首先要做的就是降低被烫部位的温度，避免扩大受伤面，减少进一步的损伤。使用这种冷水处理法还可暂时缓解一部分疼痛。然后剪去衣物，不能直接脱掉衣物，因为可能会导致伤口粘连或弄破水泡，扩大创伤面积。所以最好是轻轻沿患处边缘剪去衣物，尽量减少进一步的伤害。如果烫伤后出现小的水泡，不要弄破它，否则容易感染和留疤。倘若烫伤的地方水泡过大或处于关节部位，在有条件的前提下，可用消毒针扎破后使用过氧化氢冲洗干净，然后涂上适量碘伏。最后，如果情况严重要及时送医。

13

鱼刺卡在
喉咙里怎么办?

妈妈给兰兰做了糖醋鲤鱼。兰兰最爱吃鱼了,鱼刚端上来,她就狼吞虎咽地吃了起来。爷爷提醒兰兰:"慢点儿吃,小心鱼刺。"兰兰像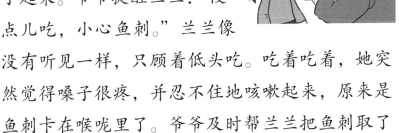没有听见一样,只顾着低头吃。吃着吃着,她突然觉得嗓子很疼,并忍不住地咳嗽起来,原来是鱼刺卡在喉咙里了。爷爷及时帮兰兰把鱼刺取了出来,兰兰的喉咙这才渐渐感觉不疼了。

·提问小课堂·

🧒 **兰兰** 爷爷,吃鱼时,鱼刺卡在喉咙里怎么办呢?

👴 **爷爷** 如果鱼刺较小,可以喝几口食醋,或取一颗去了核的乌梅与一些砂糖一起含在口中,使鱼刺软化,再吃馒头、蛋糕等食物，使鱼刺随食物咽下。或者立即用汤匙或牙刷柄压住舌头的前部，在亮光下仔细察看舌根部、扁桃体、咽后壁等，尽可能发现异物，再用镊子或筷子夹出。

兰兰 如果这些方法都不行呢？

爷爷 如果找不到鱼刺，或是无法将鱼刺取出，就需要立即去医院进行科学治疗，只有这样才能减小鱼刺刺伤咽喉的概率。

14

流鼻血的
时候仰头能止血吗？

这几天，天气十分干燥。兰兰刚起床就感觉鼻腔里有一股血腥味，马上就有水一样的东西从鼻子里流了出来，于是兰兰赶紧呼叫全家人，大家都急忙跑过来为她止血。

·提问小课堂·

兰兰 爷爷，如果以后我再流鼻血应该怎么处理呢？

爷爷 首先，不要慌张，不要恐惧，找个地方坐下来紧急止血。然后，保持坐立后将头微低，手捏住鼻孔两侧向鼻梁方向按压，同时用嘴巴呼吸，直至流血停止后放下，也可通过塞棉球来压迫止血。如果条件允许，可用冷水打湿毛巾或冰袋敷鼻子及周围面部，加速血管收缩，从而达到止血效果。

兰兰 可是，我看很多人都仰头止血啊？

爷爷 不能仰头止血，这样会导致血液向后从鼻咽处流入口中，一不小心吞入胃里，便会刺激肠胃，引起呕吐等症状。另外，如果有大量血液进入气管，可能会引起呛咳，甚至窒息。

兰兰 那要怎么避免流鼻血的情况呢？

爷爷 养成好的卫生习惯，改掉用手挖鼻孔的恶习，同时保护好鼻子，避免因外力伤害造成鼻黏膜损伤，导致鼻出血。天气干燥时，可用加湿器来保持空气湿度，也可给鼻腔擦涂金霉素软膏，滋润鼻腔。饮食方面，要少吃辛辣刺激食物，多吃富含维生素C的果蔬，同时要少喝饮料，多饮水。

15

为什么不能在窗户旁边玩耍？

一天，兰兰邀请她的好朋友红红来家里做客。她们玩了一会儿洋娃娃，红红就坐不住了，非要和兰兰比赛爬窗户。红红扒着窗台想往上爬，兰兰担心她摔下来，于是叫来爷爷一块儿阻止红红，爷爷赶紧跑来把红红从窗台上抱了下来。

提问小课堂

🧑 **兰兰** 爷爷，为什么不能在窗户旁边玩耍呢？

爷爷 因为你们这个年龄段的小朋友，性格好动，活动能力比较强，安全防范意识比较薄弱，发生意外坠落的概率也相对较高。

兰兰 那怎么才能防止这种情况发生呢？

爷爷 一般情况下，家里的窗户都要安装防护网，尤其是高层，禁止孩子到窗户旁边去玩耍。另外，可以安装儿童锁，就是所谓的暗锁，打开需要一定的技巧，可以有效避免幼小孩子无意间开窗。尤其是卧室和客厅，每扇窗户都可以安装一个。

16 为什么小孩子不能用妈妈的化妆品？

兰兰看到妈妈最近买了很多化妆品，心血来潮也想试一试。这一天她趁着妈妈不在家，把妈妈的粉底液、眼影、口红在脸上一顿乱抹。爷爷回到家看到兰兰这副模样，赶紧带她把脸洗了，

并告诉兰兰不能随便用妈妈的化妆品。

·提问小课堂·

🧑 **兰兰** 爷爷，为什么我不能用妈妈的化妆品？

👴 **爷爷** 因为你现在处于生长发育时期，皮肤真皮中的皮脂腺尚未成熟，表面娇嫩纤细，抗菌力和免疫力都比较弱，遇到外来刺激反应敏感。如果皮肤保护不好，不仅会使皮肤表面变得粗糙，而且容易染上疾患。另外，儿童毛孔非常细嫩，成人化妆品肤剂粒子较粗，容易阻塞毛孔影响汗液排泄。成人化妆品是根据成人皮肤特点制作的，成人皮肤表层较厚，有较强的抗菌、抗毒和承受刺激的能力，不易产生皮肤过敏反应。

17

为什么废旧
电池不能乱扔?

清晨，兰兰打开电视机想看动画片，发现电视遥控器没有电了，于是换上了新的电池，刚准备把旧电池扔进垃圾桶里，爷爷过来阻止了她。爷爷检查了一下电池，发现是遥控器中的电池，这才放心地扔进垃圾桶里。

·提问小课堂·

兰兰 爷爷，为什么不能随便把废旧电池扔进垃圾桶里呢?

爷爷 因为废旧电池中含有大量的重金属，如汞、镉、铅，以及酸、碱等有毒有害物质，泄漏到环境中，对生态环境和公众健康危害很大。科学调查表明，一颗普通电池弃入大自然后，可以污染约60万升水，相当于一个人一生的用水量，而中国每年要消耗 70 亿颗这样的电池。

🧒 **兰兰** 那应该如何处理废旧电池呢？

👴 **爷爷** 像我们常见的碱性电池，比如你刚才扔的遥控器用的电池，还有手电筒、玩具中用的电池也是碱性电池，这种电池被视为一般垃圾，可以直接扔进垃圾桶里，不需要做过多的处理。碳性电池和碱性电池一样，也是安全无害的，这种电池一般用于收音机、照相机等，也可以直接扔进垃圾桶里。像手表电池，它是纽扣电池，这种电池含有氧化汞、锂、氧化银和锌等有害物质，应当和其他有害的家庭垃圾一起处理。锂电池或者锂离子的电池则要丢在电池回收中心，这种电池主要用在电动车、手机、笔记本中。

18 为什么不能 随便碰不明液体？

兰兰的洋娃娃脏了，于是她就跑到卫生间准备清洗一下。兰兰看到很多瓶瓶罐罐，不知道哪瓶是洗衣服用的。随手拿了一瓶，刚刚打开瓶盖就闻到了一股刺鼻的味道，连忙喊爷爷过来。爷爷走过来，看到兰兰手里拿着一瓶消毒液，赶紧把瓶子拿过去拧好放回原处。

·提问小课堂·

兰兰 爷爷，为什么不能用这瓶液体洗洋娃娃呢？

爷爷 这可是消毒液，不能乱用。

兰兰 消毒液是用来干什么的呀？

爷爷 消毒液是用来消灭有害细菌和病毒的，但用的时候要特别注意，因为它具有腐蚀性，而且有一种刺鼻的气味，人吸入后会对呼吸道黏膜产生强烈的刺激。小朋友可不能随便乱碰！对于家里的不明液体，第一，要在家里大人的指导下，认识家里这些瓶瓶罐罐中的液体分别是什么；第二，消毒水、清洁剂带有一定毒性，不能当作饮料喝；第三，在家打翻了不明液体，要及时告诉家里的大人；第四，在家闻到了刺鼻的气味，要马上打开窗户通风。

19 被反锁在家里怎么办？

兰兰和爷爷看新闻，新闻里报道：4岁孩子被反锁在家，不慎从4楼摔下，幸无生命危险。爷爷感叹道："每一年因儿童被反锁在家里酿成的悲剧，数不胜数啊！"

·提问小课堂·

兰兰 爷爷，我要是被反锁在家里该怎么办呢？

爷爷 孩子，要记住父母的电话号码或其他亲人的电话号码，如果被反锁在家时，要马上打电话告诉父母或其他亲人。

兰兰 那怎样才能避免悲剧的发生呢？

👴 **爷爷** 第一，和父母一起做好安全教育学习。尽可能早点儿正确认识身边的物品，知道哪些地方、哪些物品是危险的。第二，不要单独留在家中。不要独处，哪怕是卧室。第三，不要单独在门窗、阳台边玩耍。在这些地方稍不注意，就可能引发安全问题。

20 为什么 不能蒙着头睡觉？

　　兰兰中午吃完饭觉得困意袭来，就抱着小被子躺在沙发上睡着了。突然楼下传来一阵响声，兰兰觉得很吵，便把被子直接蒙在了脑袋上。爷

爷见状，赶紧帮她把被子往下拽了拽，兰兰困意全无。

·提问小课堂·

兰兰 爷爷，为什么不能蒙着头睡觉呀？

爷爷 蒙头睡觉易引起呼吸困难，同时，随着棉被中二氧化碳浓度升高，氧气浓度不断下降，长时间如此容易导致缺氧，出现睡不好觉、做噩梦等情况。婴幼儿更不宜如此，否则有窒息的危险。

兰兰 那正确的睡姿应该是什么样的呀？

爷爷 小朋友睡觉时应采用平躺式或右侧式。平躺睡时，呼吸能畅通，身体能放松，起床以后有精神；右侧卧睡时，呼吸能畅通，也不会压迫心脏，这样才能美美地睡一觉。千万不要蒙着头睡、俯卧睡，这样会影响呼吸，对身体不利。

网络安全

21

在网上购物
需要注意什么？

兰兰看着电视上的新闻"某女子上网购物被骗46万"，想到妈妈每天在网上买东西，不免担心起来。急忙问爷爷，网上购物都会遇到骗子吗？网上购物需要注意哪些问题呢？

·提问小课堂·

兰兰 爷爷，妈妈每天在网上买买买，她会不会也被骗啊？您快告诉我网上购物需要注意什么，我好去告诉她，让她警惕一下。

爷爷 第一，先要选择可靠的网站；第二，要注意保护个人隐私，有一些网站注册会员时需要填写个人信息，用户名和密码尽量设置得复杂一些，千万不能告诉任何人；第三，在购买商品时要问清楚商品的相关信息，比如什么时候发货、用什么快递、多久送达等等；第四，可以多多了解一下卖家，多询问一下商品的信息，如果卖家回答不上来或者拒绝回答，这时候就要小心了。

🧑 **兰兰** 居然有这么多隐患，我得赶紧去告诉妈妈！

22

沉迷游戏的
危害到底有多恐怖？

最近，兰兰发现身边很多同学都沉迷于一款游戏，他们每天花费好几个小时玩游戏，好奇心驱使兰兰也想下载玩一玩。兰兰刚准备用爷爷的手机下载，就被爷爷发现了。

·提问小课堂·

兰兰 爷爷，我只是想下载个游戏玩一玩。

爷爷 爷爷没说不让你玩啊，但是我想告诉你沉迷于游戏可不是一件好事。首先，它会影响身体健康，如视力下降、体能下降、饮食不规律导致的消化系统疾病等。其次，浪费时间和金钱。最后，有些网络游戏粗制滥造，内容涉及暴力等不适合青少年接触的内容，所以即使玩也要有选择地玩。

兰兰 爷爷，那我什么时候才可以玩一会儿游戏呢？

爷爷 咱们可以制订个计划，周一到周五不玩，周末写完作业可以玩一两个小时，好不好？

兰兰 太棒了，爷爷。

23

密码应该如何设置？

老师布置任务，每个学生回家登录上学期注

册的学习网站观看视频。兰兰回家打开电脑，反复输入密码都显示错误，她赶紧打电话给爷爷，请教爷爷应该怎么办。

·提问小课堂·

🔴**兰兰** 爷爷，我忘记了学习网站的密码，怎么办？

⚪**爷爷** 你试试找回密码，输入你注册用的手机号，然后手机会收到一个验证码，你再重新设置密码就好了。

🔴**兰兰** 那这次密码我要设置成什么呢？

⚪**爷爷** 第一，要设置足够长的密码，最好使用大小写混合加数字和特殊符号。第二，不要使用与自己相关的资料作为个人密码，如自己的生日、身份证号码、门牌号、姓名简写等，那样很容易被熟悉你的人猜出。

🔴**兰兰** 这么复杂呀，万一我又忘记了怎么办？

⚪**爷爷** 有备忘录，爷爷帮你记着。

24

每天上网时间
应该不超过多久？

兰兰告诉爷爷，她发现最近身边的很多同学都戴上了眼镜，通过和他们聊天，兰兰了解到原来他们都是每天玩好几个小时电脑造成的。兰兰想到自己有时也用电脑搜集学习资料，也经常在电脑前坐一两个小时，就担心起了自己的眼睛。

·提问小课堂·

兰兰 爷爷，每天的上网时间应该不超过多久啊？

爷爷 每天不能连续上网两小时以上，并且尽量注意用眼卫生，注意休息。青少年每天上网时间不宜过长，防止对视力造成一些影响。上网时间长对身体尤其是眼睛辐射影响很大，要合理安排上网时间，每天上网时间越短越好。

兰兰 如果必须要上网，怎么才能保护好自己的视力呢？

爷爷 可以定时站起来休息，还可以在桌子上摆一盆绿植，这样不仅保护了眼睛，也吸收辐射，净化了空气。

25 为什么网络上的东西不能随便下载？

兰兰正想用电脑看动画片，突然屏幕上弹出一个广告，上面写着"好玩刺激，免费下载"，兰兰很好奇里面有什么，就立马点击下载。下载完，兰兰迫不及待地打开，

可弹出来的是血腥恐怖的游戏画面，兰兰吓得尖叫起来，爷爷闻声立马赶来，关闭了游戏页面，并对兰兰说："网络上的东西可不能随便下载。"

·提问小课堂·

🐵 **兰兰** 爷爷，为什么网络上的东西不能随便下载呀？

👴 **爷爷** 因为可能会下载到一些不适合小孩子观看的东西，那些不健康的信息会对你的身心造成伤害。也可能是病毒性的文件，下载了会损害电脑以及账户安全，还有可能会盗取你的信息。那些引诱性极强的文件和下载链接，可能就是网络上的诈骗陷阱。

🐵 **兰兰** 那如果我想下载某些文件，但是不确定它有没有病毒呢？

👴 **爷爷** 可以在下载某些文件之前，询问一下家长的意见。对于一些付费下载的软件，也可以跟家长说，让家长来处理。

26

电脑为什么
要安装杀毒软件？

某天，兰兰在玩电脑时发现邮箱里多出一封"中奖"的邮件，但是兰兰从来没有参加过抽奖活动，
聪明谨慎的兰兰感觉这明显不对劲，于是告诉了爷爷。爷爷告诉兰兰："这应该是带病毒的电子邮件，用杀毒软件删除就好了。"

·提问小课堂·

兰兰 爷爷，电脑中毒会发生哪些危险呢？

爷爷 病毒会侵袭你的电脑，给电脑制造垃圾，破坏电脑的正常运行或其他性能；还可能会攻击你的邮箱，造成一些邮件丢失；甚至会窃取你的账户信息，造成财产损失。

兰兰 那怎么才能保证电脑不中毒呢?

爷爷 第一,少点击可疑网站和文件链接;第二,要对类似于"中奖"这类的邮件或者页面有辨别意识,不要轻易相信类似信息;第三,要经常用杀毒软件或者垃圾清理软件来清理电脑,杀毒软件能最大限度地帮助你管理电脑,降低使用风险。

27 为什么不能 参与网络直播?

兰兰发现最近很多同学都在玩直播,兰兰为了能和同学们有共同语言,也打算开直播。她把

这个想法告诉了爷爷,希望爷爷能

给她一些建议，没想到爷爷却说："你还小，不能玩直播！"

·提问小课堂··

兰兰 爷爷，我为什么不能参与网络直播呢？

爷爷 因为你这个年龄段的孩子，心智还未成熟，正处在探索世界的萌动期，对世界充满好奇，过早地接触"网络文化"，会给你们带来不良的诱导，还可能在直播过程中泄露自己的个人信息、家庭信息等。对于网络直播，法律对未成年人也有明确的规定，14周岁以下的儿童要在父母的同意或者陪伴下才能直播。

兰兰 那如果我很想参与网络直播呢？

爷爷 首先你可以告知爸爸妈妈，其次还可以叫爸爸妈妈一起参与。这样做，一方面可以让爸爸妈妈了解网络直播，另一方面也可以让爸爸妈妈在安全方面给予你支持和指导。

28

为什么不能
跟网友见面？

兰兰最近在网上认识了一位可爱的女生，那个女生邀请她见面一起去看电影。兰兰又激动又担心，因为她想起爷爷曾经说过不能和网友随便见面，但是这位网友已经和她聊了很久了，应该不会是坏人吧。兰兰越想越苦恼，最后决定找爷爷帮忙。

·提问小课堂·

🧑 **兰兰** 爷爷，我在网上认识了一个朋友，我可以和她见面吗？

👴 **爷爷** 千万不能随意和网友见面。因为你连对方长什么样子都不知道，无法判断对方是好人还是坏人，这样见面是很危险的，而且很多小孩跟网友见面之后被拐卖了，一定要警惕。

 **兰兰** 那如何正确地应对这种情况呢？

爷爷 第一，做到坚决不跟网友见面，不管是谁；第二，如果实在不想伤害对方，可以找一些客观的理由，比如最近学习紧张，或者说自己还没做好心理准备；第三，如果实在想见面，可以让家长陪同。

29

网上兴趣班也有陷阱吗？

兰兰最近在网上看到一个音乐辅导的兴趣课程，价格很划算，就毫不犹豫地跟妈妈要了800元预付款。可是在距离开课两天前，兰兰收到通知说还要再交500元才能上课，兰兰这时意识到自己可能被骗了，去求助爷爷，爷爷听兰兰讲清事情的来龙去脉之后，立马报了警。

·提问小课堂·

兰兰 爷爷，网上兴趣班也有陷阱吗？

爷爷 当然，因为现在的家长都注重培养孩子的兴趣，提高孩子的综合素质和能力，都想让自己的孩子比别人的孩子优秀，一些"聪明的商家"就抓住家长这种"望子成龙，望女成凤"的心理，琢磨如何借机暴富，于是歪招频出。

兰兰 那对于网络兴趣班应该如何辨别呢？

爷爷 首先，在报读之前要仔细甄选；其次，如果网络兴趣班在交款方式上花样百出，那就要提高警惕了；再次，有很多兴趣班会诱导消费者交会员费、预付款，以此来享受优惠折扣，这些都要小心；最后，如果发现网络兴趣班收费有问题，要第一时间告诉家长，如果涉及款项交易要第一时间报警。

30

怎么识别诈骗信息？

　　兰兰最近收到一条陌生号码发来的短信，这条短信是推荐一款赚钱软件的，说是投资5元，过一段时间能赚5万。兰兰有些心动，但是又不确定是真是假，她突然又想到是不是诈骗分子盯上了自己，越想越害怕，只好让爷爷来处理。

·提问小课堂·

🧒 **兰兰** 爷爷，我们应该怎么识别诈骗信息呢?

👴 **爷爷** 大多数的手机诈骗信息都是以索要钱财为目的的，如果收到类似信息，不用理会就好。如果不能辨别短信的真假，要在第一时间拨打短信中所属单位的正规查询电话。当短信索要你的个人信息，特别是姓名、身份证号、银行卡信息、家庭住址等，千万不要泄露。

31 为什么不能保存和传播不文明的视频或图片？

兰兰的好朋友红红给她看了一个虐待小动物的视频，红红觉得很搞笑想转发到自己的朋友圈，兰兰却认为视频的内容很不文明，虐待小动物是不对的，这样的视频不能传播，但是红红依旧听不进去，一定要转发，兰兰情急之下找爷爷帮忙。

·提问小课堂·

兰兰 爷爷，为什么不能保存和传播不文明的视频或图片呢？

爷爷 因为你这个年龄段的孩子都处于心智尚未成熟的时期，对于网络上的不文明信息、图片及视频应该果断拒绝，以免受到不良的影响。而且《中小学生日常行为规范》中明确要求：情趣健康，不看色情、凶杀、暴力、封建迷信的书刊、音像制品，不听不唱不健康歌曲，不参加迷信活动。

兰兰 如果看到小伙伴保存和传播不文明内容呢？

爷爷 那你就要劝告他撤回或删除相关信息，因为自己看了可能只是一个人受到影响，如果传播了则是一群小伙伴都被影响了，你要告诉他事情的严重性。

32 有人在网络上侮辱自己，应该怎么办？

兰兰在教室里睡着了，红红做恶作剧，在她脸上乱涂乱画，还拍了视频发到了网上，同学们都看到了这段视频，兰

兰感觉自己被侮辱了，很生气，让红红删掉视频，但红红拒绝了。兰兰心里很委屈，回家之后把事情告诉了爷爷，请爷爷来帮忙解决。

·提问小课堂·

兰兰 爷爷，有人将自己被侮辱的视频发到网络上，应该怎么办呀？

爷爷 首先要告诉家长，相信家长会帮助我们解决问题；然后要自己调节好情绪，不要因为被侮辱而自暴自弃；如果被传播到网上发展成很严重的网络伤害事件，可以报警解决。

33 为什么不能模仿游戏中的暴力行为?

兰兰最近心情很郁闷，爷爷问她怎么了，兰兰告诉爷爷："班里很多男生都迷上了新出的枪击游戏，在班里模仿枪击，还要让女生当人质，今天就有两个男生玩闹的时候下手重了，闹别扭了。"爷爷听完后说："游戏中的暴力行为千万不能模仿，否则后果不堪设想。"

·提问小课堂·

兰兰 爷爷，为什么不能模仿游戏中的暴力行为？

爷爷 因为你们这个年龄段的孩子，生理和心理正处于发展阶段，有时候你们会混淆虚拟和现实，会把虚拟的东西搬到现实中来，会模仿影视作品和视频游戏中人物的言行；虚拟人物通过暴力获得的奖励对你们是一种间接强化，这种间接强化会诱发你们在现实生活中的暴力行为，而这种攻击行为会对你们长大后人格的形成、情绪稳定性等方面产生影响。所以千万不能模仿游戏中的暴力行为。

兰兰 那怎么做才能不受暴力游戏的影响呢？

爷爷 第一，要多和家长、老师等沟通，提升自己分辨暴力游戏的能力。第二，应分清虚拟和现实，切勿沉迷于暴力游戏中不为现实生活认可和接受的暴力行为。第三，应积极参与丰富多彩的、阳光健康的课外生活活动，远离暴力游戏。

34 像电视剧中的人物那样跳伞真的很危险吗？

　　下雨天，爷爷去接兰兰放学，当他们路过一个高台阶时，兰兰想起昨天看到的电视剧里有跳伞的动作，想大胆地模仿一下。爷爷看兰兰不对劲，连忙问她要干吗，兰兰一五一十地说了，爷爷狠狠地批评了她："千万不要学电视剧里的跳伞，很危险的！"

· 提问小课堂 ·

🙍兰兰 爷爷，电视剧中的人物跳伞不是都没事吗？

怎么会有危险呢？

🙂 **爷爷** 电视剧里撑着雨伞从高处往下跳的场景都是用的特效，都是骗人的，千万不要模仿，如果雨伞可以当作降落伞，那跳伞员还背那么重的伞包装置干吗呢，所以影视剧里的场景千万不能当真！

35 为什么要少在陌生电脑和平台上登录使用聊天软件？

兰兰在家上网用聊天软件时，发现聊天软件突然被强制下线，显示在异地登录，兰兰赶紧找爷爷帮忙。爷爷帮兰兰找回了账户，重新设置了密码。爷爷问兰兰："你是不是

在别的地方使用过聊天软件，或者在其他网络平台泄露过密码了？"兰兰想起自己曾经在打印店打印作业的时候登录过。

·提问小课堂·

兰兰 爷爷，为什么要少在陌生机器和平台上登录使用聊天软件呢？

爷爷 因为在陌生机器和平台上登录，个人信息可能会被盗取，很多好友的信息也会一同丢失，犯罪分子可以通过盗窃到的社交账户进行诈骗，到时候列表中的好友可能会成为诈骗对象。

兰兰 如果临时有急事要在公共电脑上登录呢？

爷爷 那要注意取消保存密码的状态，同时登录使用后要注意立即退出并删除登录过的记录。

36

为什么不能随意参加在线调查？

兰兰在网上认识了一位卖玩具的网友，她知道兰兰有很多朋友，就想让兰兰帮忙做一个关于小学生对玩具的喜好度的调查，说填完还可以给小礼物。但是问卷里的调查内容还包括家庭住址、个人电话、身份证号码等信息，兰兰拿不定主意，只好找爷爷帮忙。

·提问小课堂·

🧒 **兰兰** 爷爷，为什么不能随意参加在线调查呢？

👴 **爷爷** 因为关于儿童的在线调查，大多会收集儿童的隐私信息，如果泄露出去麻烦就大了，而且参与在线调查，所填的资料还可能被作为个人信息变卖出去。

🧒 **兰兰** 那如何拒绝这种在线调查呢？

👴 **爷爷** 可以找客观的理由，比如学习很忙没有时间填写等。

37 为什么不能在网络上扫码借钱、贷款？

周末，兰兰一家人出去逛街。兰兰路过玩具

店时被一个洋娃娃吸引了，兰兰想买下来，但是零花钱已经被自己花光了，又不好意思再管妈妈要钱，兰兰正发愁的时候突然想起手机可以扫码借钱消费，兰兰刚用手机付完款，就被爷爷发现了，爷爷狠狠地批评了她。

·提问小课堂·

兰兰 爷爷，为什么不能在网络上扫码借钱、贷款呢？

爷爷 因为在网上码预支或者垫付已经构成了借款、贷款的行为，你还是未成年人，不可以随便借款的，你现在并没有足够的经济能力，最后连累的是家长。

兰兰 那如果我想买东西零花钱不够怎么办呀？

爷爷 可以等下次有零花钱的时候再买，或者先跟家长预支，在以后的零花钱里扣减。

38

为什么不能往游戏里充值？

　　兰兰的好朋友红红最近沉迷于一款游戏，一直花钱买"装备"，买"皮肤"，几乎把自己所有的零花钱都花在了游戏上。一转眼又要充值了，红红身无分文，只好找兰兰借钱。兰兰想劝红红不要再往游戏里充钱了，但是不知道该怎么劝说，只好来找爷爷帮忙。

·提问小课堂·

兰兰 爷爷，为什么不能往游戏里充值呢？

爷爷 很多青少年由于虚荣心作祟，不加节制地往游戏里充值，自己的零花钱花完后便到处借钱，最后成为一个四处欠钱的人。同时，如果青少年不能及时止损，还一味地往游戏里充值，便会沉迷于网络游戏，严重危害青少年的身心健康。因此，玩游戏要懂得分寸，所投入的时间、金钱都要在自己的能力范围内。

兰兰 那如果为了往游戏里充值欠了很多钱怎么办呢？

爷爷 办法就是告诉家长，求助他们，予以追认，要求游戏公司把钱返还。接下来要吸取教训，否则会越陷越深。

39 网络上的各种商业信息都是骗人的吗?

兰兰在朋友圈看到一则盲盒广告，转发到朋友圈就可以免费获得盲盒。兰兰想要盲盒，就转发到了朋友圈。兰兰的朋友们看到兰兰的朋友圈也抵挡不住诱惑，纷纷转发起来。可是到最后，兰兰并没有收到免费的盲盒。

·提问小课堂·

兰兰 爷爷，网络上的各种商业信息都是骗人的吗？

爷爷 这种信息都不能确定真假，因为大多数都来源不明，难以甄别。我们只能警惕那些"免费得到""优惠"等利诱式的营销方式，这种信息大多数都带着商业目的，要小心，以免被利用。

兰兰 那我们要是被这种商业信息骗了应该怎么做呢？

爷爷 首先，要冷静，第一时间告诉家长，和家长一起收集骗子的信息，到公安机关报警。其次，可以和家长一起讨论有哪些商业信息诈骗的例子，熟记于心，学习识别"坏人"的诈骗方法。还可以把自己被骗的经历记录下来，有机会可以帮助身边的小伙伴增强防诈骗意识，避免此类事件再度发生。

40

发朋友圈可以屏蔽家长吗？

兰兰最近很爱发朋友圈，吃饭、做作业、买

了新的洋娃娃都要发，妈妈看到后告诉兰兰，不要在网上过多泄露自己的生活信息，很不安全，兰兰不但没听，还把妈妈屏蔽了。爷爷知道这件事后，和兰兰谈心，告诉她朋友圈不能屏蔽家长。

·提问小课堂·

兰兰 爷爷，发朋友圈可以屏蔽家长吗？

爷爷 当然不可以！朋友圈屏蔽家长，让家长不能及时知道自己的生活状况和思想状态，如果有危险，家长就不能及时提醒了。而且朋友圈屏蔽家长，就说明孩子对家长失去了信任，这对亲子关系也是一种伤害，不利于家长更好地了解自己，也不利于孩子和家长的沟通。

校园安全

41

出现运动
损伤该怎么处理？

兰兰放学回家告诉爷爷："今天体育课上，我的同桌跑步时把肌肉拉伤了，我看她一直喊疼，脸上全是汗珠，后来老师把她送去医院了。爷爷，能不能教我一些急救知识，如果再遇到这种情况，到时候我也可以处理。"

提问小课堂

🧒 **兰兰** 爷爷，如果运动的时候出现肌肉拉伤怎么办呀？

👴 **爷爷** 轻者可即刻冷敷，局部加压包扎，抬高伤肢，24小时后可以进行按摩或理疗。如果肌肉已经大部分或完全撕裂，在加压包扎之后应立即送往医院进行手术治疗。

兰兰 如果是韧带扭伤呢？

爷爷 那应该立即冷敷，加压包扎，抬高伤肢。24小时后对伤部进行局部按摩或热敷。严重损伤乃至韧带撕裂时，可用绷带固定伤肢后立即送医院进行治疗。

兰兰 那如果骨折了呢？

爷爷 骨折发生后，应立即停止运动，并进行急救。骨折后切忌移动患肢，应用夹板或其他代用品固定伤肢，随后送医治疗。

兰兰 都这么严重啊，那怎么避免出现运动损伤呢？

爷爷 首先，运动前要做好充分的准备活动，各个关节各个部位要进行拉伸，让肌肉"预热"起来，使人体尽早地进入运动的状态。其次，在运动的过程当中要做好相应的防护。例如，穿舒适合脚的运动鞋，戴护腕、护膝等防护装备。另外，要注意动作不要太过剧烈。最后，运动之后一定要做好充分的拉伸和放松，要注意休息，补充足够的水分。

42

如何避免校园火灾?

兰兰和爷爷看电视时，看到某学校的学生因为在宿舍使用违规电器，造成宿舍楼着火还有人员伤亡的新闻，兰兰真是害怕极了。兰兰问爷爷："怎么才能避免校园火灾的发生呢？"

·提问小课堂·

🧒 **兰兰** 爷爷，怎么才能避免学校发生火灾呢？

👴 **爷爷** 第一，要严格遵守学校的消防安全管理制度；

第二，爱护学校的消防器材，不要随意挪动；第三，不要在校园里焚烧垃圾、树叶等；第四，不要在宿舍使用蜡烛、蚊香等；第五，不要在宿舍使用违规电器；第六，不要在消防通道堆放杂物、烟花爆竹等；第七，如果看到有人抽烟，要告诉他不要乱丢火种，一定要熄灭烟头后再离去。

兰兰 我了解了，明天上学我就给同学们科普一下。

43 怎样正确使用灭火器？

兰兰和爷爷在家看了一部关于消防员救火的电影，看完后，兰兰看着家里的灭火器，心里又有了新的想法。她跑到爷爷身边，要他教自己如何正确使用灭火器。

·提问小课堂·

🧒 **兰兰** 爷爷，万一学校起火了，我想用灭火器灭火，应该怎么使用呢？

👴 **爷爷** 爷爷教你一个小窍门，一提二拔三握四对五喷。

🧒 **兰兰** 那具体的操作步骤是什么呢？

👴 **爷爷** 一提，提起灭火器。二拔，拔掉保险销。三握，握住喷管前端。四对，对准火焰根部。五喷，往下按压阀，对准火焰喷射。记住这个小窍门，你就能正确使用灭火器了。

44 看到同学在楼道里追逐打闹应该如何制止？

爷爷去给兰兰开家长会，老师在家长会上点名批评了两名同学，原因是他们在课间活动的时

候在楼道里追逐打闹，还撞到了其他同学。家长会结束后，兰兰询问爷爷："如果以后再有这种情况该如何制止呢？"

·提问小课堂·

🧑 **兰兰** 爷爷，我发现不止一两个同学课间活动时在楼道追逐打闹，但是却没有同学上去制止，我知道这是不好的行为，我要怎么办呢？

👴 **爷爷** 爱玩是每个小朋友的天性，因为你们活泼好动，做事还不会考虑后果。你可以建议老师组织同学开一次班会，讲几个在课间追逐打闹的案例，让同学们认识到事情的严重性。

兰兰 这是个好办法！除此之外呢？

爷爷 你还可以发动同学们想一想，课间不在楼道里玩耍，你们可以在班级里、操场上组织活动，打造文明课间。

45

坐校车
犯困了能睡觉吗？

新学期到了，兰兰的爸爸妈妈没时间接送她，只好让她坐校车上下学。爷爷送兰兰到坐校车的地方，看着睡眼惺忪的兰兰，嘱咐道："坐校车时犯困了千万不能睡觉！"

·提问小课堂·

兰兰 爷爷，坐校车犯困了为什么不能睡觉呀？

爷爷 坐校车的时候千万不可以睡觉！因为最近很多新闻报道了学生因为睡觉被遗忘在校车内发生意外的事情，所以，即使你很困也要等到下车以后再睡。

兰兰 哦，这样啊，那在校车里睡觉有什么隐患呢？

爷爷 因为阳光照射，封闭的校车内就像蒸笼，气温急速上升，使得人体的水分散失过快，会引发脱水窒息的风险；而且校车封闭，车里的氧气逐渐减少，污浊的空气会损伤身体机能。

46 身体不适还能参加剧烈活动吗？

学校举行运动会，兰兰报名参加了100米比赛。但是兰兰在比赛之前感觉自己小腹疼痛，一开始没有在意，等上了跑道后疼痛感加剧，她依然忍着疼痛跑完了这100米，可到达终点时她就直接晕倒在了跑道上。

·提问小课堂··

兰兰 爷爷，身体不适还能参加剧烈活动吗？

爷爷 不管是体育课还是学校比赛，身体不适就不能参加剧烈活动，要及时就医，确定病因，要把身体健康、生命安全放在第一位。

兰兰 身体不适的话，所有活动都不能参加吗？

爷爷 如果有打喷嚏、鼻塞、流鼻涕等症状，我不建议你参加运动。

47 能在水泥地上踢足球吗？

兰兰和同学想踢足球，可是足球场被高年级的男生占用了，于是他们只能在教学楼前的水泥地踢起来，玩得不亦乐乎。突然，兰兰的同学踢出一个快速旋转的球，兰兰为了接到这个球摔了一跤，膝盖磕到了水泥地上，流了很多血，她痛得大哭起来。

·提问小课堂·

兰兰 爷爷，我能在水泥地上踢足球吗？

爷爷 不能，因为水泥地硬度太高，一不小心摔在水泥地上会很危险，可能对身体造成严重的伤害。

兰兰 那应该去哪里踢足球呢？

爷爷 可以去学校的足球场，足球场上有草坪，比较柔软，即使摔倒，对身体的伤害也没有那么大。并且要佩戴一些专业的护具，提前做好热身活动，以防意外发生。

48

在课堂上想上厕所怎么办？

周末，兰兰和爷爷聊天，兰兰告诉爷爷："班级里有几个捣蛋鬼，总喜欢上课时间找借口上厕所出去玩，老师知道后宣布上课时间不能上厕

所。如果以后我忍不住了，想上厕所怎么办呢？"

·提问小课堂·

兰兰 爷爷，上课时间想上厕所怎么办？

爷爷 上厕所并不是一件丢人的事情，你可以举手告诉老师，老师不会不同意的。千万不能憋着不上厕所，那样会对身体造成危害的。

兰兰 憋着不上厕所会有什么危害呢？

爷爷 长期憋尿会使膀胱内的尿液及尿内的细菌逆行至肾盂，引发肾脏疾病，久而久之会导致肾脏实质结构的损害，以致发生肾衰。长期憋大便很容易导致便秘问题，因为大便中有很多细菌和毒素，会被肠道反复吸收，刺激肠黏膜，不及时排便，容易导致中毒。

49

为什么课间活动不能拿笔玩耍？

　　爷爷接兰兰放学回家的路上，兰兰告诉爷爷今天班级里有两个男生打闹，其中一个男生用笔作为"防护工具"，差点儿戳到另一个男生的眼睛上，老师因为这件事狠狠批评了他们。

·提问小课堂·

🧑 **兰兰** 爷爷，为什么课间活动不能拿笔玩耍呀？

👴 **爷爷** 笔是学习用品，不是用来玩闹的工具。而且笔头很尖锐，一不小心就会伤害到别人。要认识到笔的危险性，在追逐打闹的时候，千万不能拿笔对着别人。如果笔尖戳到了眼睛上，后果将不堪设想；如果戳到了身体其他地方，也会造成伤害的。

50 在楼梯上玩耍有哪些危害？

兰兰这天来学校很早，上楼梯时发现有两个低年级的小朋友在楼梯上玩耍，绕着楼梯跑来跑去，兰兰想起爷爷说不能在楼梯上玩耍，刚想上去制止，没想到晚了一步，其中一个小朋友不小心踩空了，从楼梯上摔了下去，弄得鼻青脸肿。

·提问小课堂·

兰兰 爷爷，在楼梯上玩耍有哪些危害呢？

爷爷 因为楼梯比较狭窄，而且是公共场所，来往的人特别多，如果在这种地方追逐打闹，会发生许多危险，比如，和别人撞在一起、摔下楼梯、扭到脚等，轻则受伤住院，重则丧命。所以千万不能在楼梯上追逐打闹，要有序地上下楼梯，上下楼梯的时候也要十分小心，避免踩空，发生危险。如果看到别人在楼梯上追逐打闹，一定要及时地制止他们，告诉他们这种行为的危险性。

51

为什么不能
跟同学恶作剧？

兰兰的同桌从小就怕毛毛虫，班里有个男同学知道后特地从树上弄来一条毛毛虫，放在了手

心里。等回到教室,那个男生跑到兰兰同桌面前拿出了毛毛虫,兰兰的同桌被吓得大哭起来。兰兰看不下去了,呵斥了这位男同学。

·提问小课堂·

兰兰 爷爷,为什么不能跟同学恶作剧呀?

爷爷 同学之间应该相互关心、相互理解、相互帮助和相互促进,但是恶作剧会严重破坏同学间的团结友爱。而且严重的恶作剧真的会吓到同学,如果引发了其他突发性的危险,后果就会不堪设想。

兰兰 如果看到有同学恶作剧,我们应该怎么做呢?

爷爷 我们作为旁观者,应该及时制止,防止更进一步的危险发生。

52

看到同学拿着
扫把打闹要如何制止？

　　放学了，这周轮到兰兰这组留下来值日。但是兰兰组有两个男生一直没有认真打扫卫生，而是拿着扫把在教室里追逐打闹，其中一个男生不小心用扫把捅到了另一个男生的肚子，那个男生痛得哇哇大哭。

·提问小课堂·

🧑 **兰兰** 爷爷，看到同学拿着扫把打闹要如何制止呢？

👴 **爷爷** 要及时提醒和劝阻他们，避免他们或其他小伙伴因为打闹受伤。告诉他们用扫把打闹会对身体造成伤害。

🗨 **兰兰** 那会有哪些伤害呢?

🗨 **爷爷** 扫把的把杆很硬,就像棍子一样,如果用扫把打闹时用力过猛,就可能会把同学打得头破血流。另外,用扫把打闹可能会导致骨折甚至内脏受损,还有可能会伤到眼睛。

53

楼梯间拥挤时不能做哪些事情?

兰兰最近看新闻时发现,很多学校发生了踩踏事故,并且大多数都发生在楼梯间。兰兰不免担心起来,心想:为了防止这类事故发生,我要给同学们科普一下。于是,她就去书房找爷爷开设了新一期的安全教育小课堂。

·提问小课堂·

🧑 **兰兰** 爷爷，楼梯间拥挤时不能做哪些事情呀？

👴 **爷爷** 楼梯间拥挤时，不能推搡，不能奔跑，自己遵守秩序，才能维护公共安全。如果前方有人突然摔倒，要大声呼喊让后面的人群知道前方到底发生了什么事，否则后面的人群继续向前拥挤，就非常容易发生踩踏事故。

54 面对校园欺凌应该怎么办？

兰兰看了一部电影，这部电影主要讲的是校园欺凌，兰兰看完后心情久久不能平复。爷爷知道后安慰她，要勇敢面对校园欺凌。

·提问小课堂·

兰兰 爷爷，面对校园欺凌应该怎么办呀？

爷爷 面对校园欺凌时要表现出强硬的一面，比如态度上的强硬和愤怒，争取传达这样的消息给欺凌者，告诉他这么做是不对的，要勇敢地面对他。还可以求助大人，比如老师和家长，再严重的就需要报警，让警察来处理，以免造成更大的伤害。

55

地震来了该怎么办？

这一天，兰兰和同学们正在上课，突然教室的灯和电风扇都开始摇晃，老师注意到情况不对，大喊："是地震，

快躲好！"兰兰和同学们都迅速躲到了课桌底下，物品摇晃了大约一分钟之后平息了下来，然后他们在老师的指挥下迅速逃离了教室。

·提问小课堂·

兰兰 爷爷，地震来了该怎么办呀？

爷爷 如果你在教室上课，千万不能惊慌外逃，乱跑可能会造成踩踏事故，酿成不可想象的后果。你可以暂时躲避在课桌下，用书包护住头部，待晃动平息后在老师的指挥下有秩序地跑向操场等空旷地方。如果你在操场或者室外，可原地蹲下，双手护住头部，注意避开高大危险的建筑物。

56 被老师体罚了，应该告诉家长吗？

夏天，兰兰班上体育课时，两个男同学因为

左右转体一直转不好，被体育老师罚在太阳底下练习。其他同学都到阴凉处休息，这两个男生只好硬着头皮去太阳底下练习，结果下课时间还没到，就中暑晕倒了。

·提问小课堂·

兰兰 爷爷，被老师体罚了，应该告诉家长吗？

爷爷 如果老师是为了维护教学秩序、推进教学进度，使用温和的、有利于教育的方式惩罚学生，如罚抄等，并未伤害学生的自尊心，这是可以接受的；如果辱骂学生，或对其进行真正的体罚，会伤害学生的自尊心，你必须向家长反映。

57

学校发生传染病疫情怎么办？

兰兰告诉爷爷："最近学校里有几个同学得了流感，老师要求同学们注意自己的身体情况，如果有身体不适要及时上报。"兰兰害怕自己也被传染，爷爷安慰她说："不用怕，主动戴口罩，密切注意自己的身体状况就可以啦！"

·提问小课堂·

🗣 **兰兰** 爷爷，学校发生传染病疫情怎么办呀？

👴 **爷爷** 第一，发现传染病症状应该立刻报告老师，如发烧、咳嗽、鼻塞、喉咙疼等症状；第二，如果被传染了，应该积极配合学校的调查工作，出现症状后是否与他人接触过、去过哪些地方等信息都应如实告知学校；第三，服从隔离安排，这样可以及时控制疾病的传播。

58 在校门口遇到拿凶器的歹徒怎么办？

兰兰放学和同学有说有笑地往校门走去，突然有个叔叔拿着水果刀向学校走来，边走边挥着水果刀，看起来精神不太正常。兰兰觉得情况不太妙，立刻大喊："快跑！"门口的保安也被这喊声惊到，连忙把学校大门关闭，拨打了报警电话。

·提问小课堂·

兰兰 爷爷，在校门口遇到拿凶器的歹徒怎么办啊？

爷爷 要第一时间往安全的地方跑，不要在危险的地方滞留或者看热闹。然后迅速找到可以保护自己的大人，比如校门口的保安、附近的警察等。平时也可以多参加学校的防暴安全演练，提高自己的应变能力。

59

学校里的危房可以靠近吗？

周末，兰兰异常兴奋，准备出去玩。爷爷询问她去哪里，兰兰告诉爷爷："学校有一座房子，上面写着'拆'，班里的同学都说里面有宝藏，今天我们要去寻宝了。"爷爷听完后赶紧拦住兰兰说："不能去，这个房子不能靠近，很危险！"

·提问小课堂·

🧒 **兰兰** 爷爷，学校里的危房为什么不能靠近呀？

👴 **爷爷** 危房随时都有可能倒塌，所以不能靠近；而且危房里的空气流通不好，不适合在里面玩耍；如果危房倒塌，被埋在底下，生还的可能性微乎其微。

🧒 **兰兰** 那如何劝阻别的同学去危房玩耍呢？

👴 **爷爷** 你要告诉他们进入危房可能遇到的危险，如果他们不听劝阻要赶紧找老师帮忙，让老师出面劝阻。

60 可以和同学在学校的池塘里捞鱼吗？

红红发现学校的池塘里养了很多鱼，知道兰兰喜欢养鱼，就邀请兰兰放学后一起去捞鱼。兰兰和红红到达池塘边，发现池塘水很深，兰兰劝

红红："别捞了，咱们还是去市场买几条吧！"刚说完，红红就挽着裤脚下水了，没想到她踩到了一块石头滑了一下，整个人便掉进水里了，兰兰连忙喊救命，幸亏保安叔叔从这经过，才把红红救了上来。

提问小课堂

兰兰 爷爷，可以和同学在学校的池塘里捞鱼吗？

爷爷 不可以！私自和同学去池塘里捞鱼很危险，一不小心就会溺水；而且水里有很多不明物品，比如各种利器，就算不溺水也很容易受伤；池塘里还有很多细菌和寄生虫，下水会对身体造成伤害。

外出安全

61

交通灯代表的含义分别是什么?

爷爷和兰兰在十字路口等红绿灯,爷爷见兰兰兴致不高,便问她怎么了。兰兰告诉爷爷,今天老师讲了一个小故事:小兔子和小熊走在

大街上,准备去超市买好吃的。在经过红绿灯的时候,正好是红灯,可是小兔子性子急,等不了这么长时间,非要过马路。小熊再三阻止,小兔子不听,就向马路对面跑去,这时突然有辆汽车驶来,撞死了小兔子。兰兰看到这个场景很伤心。

· 提问小课堂 ·

🐰**兰兰** 老师给我们讲这个故事,是为了告诉我们红灯停,绿灯行,就算路上没有车辆也不要闯红灯。但

是有汽车看的红绿灯，也有行人看的红绿灯，它们都代表什么意思呢？

爷爷 汽车看的是机动车信号灯，行人看的是人行横道信号灯。先来说人行横道信号灯，绿灯亮时，准许行人通过人行横道。红灯亮时，禁止行人进入人行横道，但是已经进入人行横道的，可以继续通过或者在道路中心线处停留等候。

兰兰 那机动车信号灯呢？

爷爷 绿灯亮时，车辆可以通行，但转弯的车辆不得妨碍被放行的直行车辆、行人通行。黄灯亮时，已越过停止线的车辆可以继续通行。红灯亮时，禁止车辆通行。

62 为什么不能 把手伸到车窗外？

周末到了，爷爷和兰兰坐在大巴车上，准备去郊外游玩。路过一片樱花树时，兰兰很欣喜，

便打开车窗，把手伸到窗外大叫着。爷爷看到，让兰兰赶快把手缩回来，提醒她不要再这样做了。

·提问小课堂·

兰兰 爷爷，您为什么不让我把手伸到车窗外啊？

爷爷 你这样是错误的行为。行驶中的车辆，车速是很快的，任何车外的物体，相对于车里的人，速度都是很快的，一旦接触就相当于一次碰撞。如果在行驶过程中将头、手伸到窗外，不小心碰到一根小树枝，它就会像刀子一样将你的脸和手划破。如果对面也开过来一辆跟我们车速差不多的车，而且又离得比较近，你就会有生命危险！我们以前坐车时经常看到迎面飞来的小虫、飞蛾、蝴蝶、蚊子等，撞到挡风玻璃后就成了一摊浆液，这足以说明这个碰撞力是相当大的。另外，如果我们在行驶的车辆中将头、手伸到窗外，驾驶员在行驶过程中不容易发觉，若遇到会车、超车等情况时容易造成摩擦、伤害，所以乘车时为了自己的人身安全，千万不要把头、手伸到窗外。

兰兰 爷爷，我记住了，我再也不会犯这样的错误了。

63 乘坐公交车哪个座位最安全？

兰兰和爷爷乘坐公交车去博物馆参观。上车后，兰兰发现公交车上有的座位是黄色的，有的座位是蓝色的，

爷爷和兰兰都坐在了黄色座位上，兰兰疑惑为什么公交车上的座位有两种颜色，于是询问爷爷。

· 提问小课堂 ·

兰兰 爷爷，为什么公交车上有的座位是黄色的，有的座位是蓝色的呢？

爷爷 黄色的座位是专门给老弱病残孕的人群坐的。

兰兰 那为什么这些座位要在公交车的中间区域呢？

爷爷 因为在这个位置无论是碰到急刹车还是追尾，都不会有太大的影响，而且这里上下车最方便，座位的间距比较宽敞，坐起来非常舒服，晕车的人坐这里是最理想的，大数据研究显示，公交车中间部分的安全性最佳。

兰兰 那前面和后面的座位呢？

爷爷 公交车的前半部分是非常不安全的，因为座位下面就是行驶的轮子，一旦发生爆胎，就会殃及坐在上面的乘客，而且这里离司机的位置最近，一旦急刹车，很容易因为惯性扑向前方。还有公交车的最后一排是最不安全的，因为一旦被追尾，坐在这里的乘客遭受的冲击力最大，特别容易受伤，尤其是脖子。

64

雨天撑伞骑车
违反交通规则吗?

暑假,兰兰和爷爷一起出去骑行,突然天空中下起了小雨。兰兰急忙打开书包掏出雨伞,一只手撑伞,一只手握车把,爷爷看到她这种行为,急忙制止了她。

·提问小课堂·

兰兰 爷爷,下雨了不应该打伞吗?

爷爷 下雨了应该打伞,但是不可以一只手撑伞一只手握车把,你这么做不仅不安全,还违反了交通规则。

兰兰 是哪一条交通规则呀?

爷爷《中华人民共和国道路交通安全法实施条例》

第七十二条第五项规定，在道路上驾驶自行车、三轮车、电动自行车、残疾人机动轮椅车，不得牵引、攀扶车辆或者被其他车辆牵引，不得双手离把或者手中持物。如违反，交通部门将依法对当事人处以罚款50元。

兰兰 啊，还好爷爷你及时制止了我，不然我攒的压岁钱又少了50块呀。

65 电梯发生故障了怎么办？

兰兰和爷爷像往常一样坐电梯回家，就在乘坐的过程中电梯突然由上升改为下降，直落了一层。兰兰吓得瑟瑟发抖，哭了起来，爷爷立刻把所有楼层的按钮都按了一遍，还按了警铃，等待着救援。

·提问小课堂··

兰兰 爷爷，电梯发生故障时我们应该怎么办呀？

爷爷 如果是电梯门故障，千万不要惊慌，可以尝试持续按开门按钮，并通过电梯内的对讲机或手机拨打电梯维修单位的服务电话求助；也可以通过大声呼救等方式向外界传递被困的信息，不要强行扒门或试图从轿顶天花板爬出。如果是电梯突然下坠，可以从下至上把每一层按键都按下，选择一个不靠门的角落，膝盖弯曲，身体呈半蹲姿势，尽量保持平衡，有小孩时要把小孩抱在怀里。

兰兰 那如何避免电梯故障呢？

爷爷 电梯出现故障的原因有很多，我们能做的就是文明安全乘坐电梯。不要用手或身体强行阻止电梯门开合，不要在电梯内蹦跳，不要用粗暴行为对待电梯，如用脚踹轿厢四壁或用工具击打等。不得在电梯里吸烟，电梯对烟雾有一定的识别功能，在电梯里吸烟，很可能会让电梯误以为着火而自动上锁，导致人员被困。

66

小狗的哪些地方不能随便摸？

兰兰和爷爷到公园里去散步，兰兰看到不远处有一只可爱的小狗，就迫不及待地跑过去抚摸它，刚摸了一下小狗的头，小狗就冲着兰兰大叫，把兰兰吓哭了，爷爷赶紧过来安慰她。

·提问小课堂·

兰兰 爷爷，我没有恶意，为什么小狗还冲我大叫？

爷爷 因为狗狗的头部是它的命门，一般不会随便让人触摸。而且当你伸手去摸狗狗的头时，会挡住它的视野，狗狗能看见的范围很小，这样会让它很没有安全感，会让狗狗感到焦虑，那狗狗可能就会产生攻击行为，甚至咬你一口。

🧒 **兰兰** 那狗狗还有哪些地方不能摸呢?

👴 **爷爷** 狗狗的尾巴连接着它的脊椎骨,如果摸它的尾巴时力道稍微大一点儿,就很容易对狗狗造成伤害,所以这个脆弱的地方它一定会保护起来。狗狗的爪子也不可以摸,这是狗狗非常敏感的地方。

67

为什么不能
在大树下避雨?

周末,爷爷和兰兰出去玩,突然,雷声隆隆,大雨哗啦啦地下了起来,他们没有带雨伞,四周也没有房屋可以避雨,兰兰看到一棵大树,拉着爷爷想去大树下避雨。爷爷急忙阻止了她,并告诉她在大树底下避雨很危险。

·提问小课堂·

兰兰 爷爷，为什么不能在大树下避雨呢？

爷爷 因为雷电最容易触到较高的物体，所以较高的大树容易遭到雷击。而且下雨天树会变湿，雷电流经大树时产生的高压足以通过空气对人体放电，这会对人的身体造成极大的伤害。

兰兰 那去哪里避雨比较安全呢？

爷爷 如果你在户外，可以到低洼、干燥或背风的房子或山洞里躲避。不要在山顶或者高丘地带停留，不要靠近高大的树木、电线杆、烟囱、广告牌等尖耸、孤立的物体。打雷时，不要站立在空旷的田野里，如果你正在空旷的地方，来不及到室内躲避，应该立即双手抱膝，双脚并拢蹲在地上，身体前屈，胸口紧贴膝盖，低头看地，因为头部最容易遭雷击。千万不要用手撑地，这样会扩大身体与地面接触的范围，增加遭雷击的风险。

68 当人体失温时如何自救?

兰兰观看新闻得知,某地马拉松越野赛遇极端天气,多人死伤,她看完后心情很沉痛,于是便问身旁的爷爷:"极端天气这么可怕吗?"爷爷回答道:"极端天气带来的影响让人无法预测,如果在室内还好,要是在野外,长时间运动消耗体力,人体就容易失温,严重的还会威胁生命安全。"

·提问小课堂·

兰兰 爷爷，什么是失温呀？

爷爷 一般情况下，人体核心区温度低于35 ℃时，就叫失温。人会出现一系列寒战、迷茫、心肺功能衰竭等症状，甚至造成死亡。

兰兰 那人体失温时应该怎么自救呀？

爷爷 爷爷教你几个自救方法：一是防止温度流失。有外套的话立即穿上外套，周围有保暖工具，如报纸等，可以围在身上，也可以适当做点儿运动。但是，如果外界环境较差，体温在不断下降，要立即停止运动，避免因体力消耗过快而导致体温流失加快。二是吃东西。如果带了吃的，就吃点儿东西，吃东西可以增加人体体表温度，也能补充体力。如果有葡萄糖、食用糖等更好。三是寻找避难所。在身体条件允许的情况下，可以寻找一下避难所，如山洞、大树等。四是留记号。如果所处位置不容易找避难所，可以沿路留下记号。这样既可以避免自己来回走同一个地方，也方便搜救人员救援。

69

被反锁在车里怎么办?

暑假,爷爷和兰兰带着从乡下来的小妹妹出去游玩,兰兰突然口渴了,要和爷爷下车买水。爷爷刚下车,兰兰拿起车钥匙就把小妹妹反锁在车里了,爷爷见状赶紧让兰兰打开车门,说不能让妹妹自己一个人待在车里。

·提问小课堂·

👧**兰兰** 爷爷,为什么不能让小妹妹一个人待在车里呀?

爷爷 因为户外温度很高，而车辆在阳光暴晒下，车内很快就会达到非常高的温度，小妹妹在这个密封且高温的空间中极易引发"热射病"，严重的会危及生命。

兰兰 我知道了，我下次再也不会了！可是，爷爷，如果被反锁在车里该怎么办呀？

爷爷 首先要求助，如果被锁在车内，要拍打车窗，拿起车内颜色鲜艳的物体挥动，向车外的人求助。家长可以在车内备一张写有家长手机号和"我需要帮助"之类字眼的纸，告诉孩子在必要时拿出来放在车窗上；给孩子准备一部儿童用手机，上面存好家长的号码，发生意外时，孩子可以打电话求救。

兰兰 那如果求救不成功，如何自救呢？

爷爷 车内备有安全锤等破窗工具，你要学会如何使用、如何敲击车窗，这样必要时你就可以自救了。

70

玩轮滑时要注意什么?

　　兰兰学校开设了轮滑班，兰兰也报名参加了，她一放学就迫不及待冲回家，拿着轮滑鞋下楼去滑，爷爷看她风风火火的样子赶紧拦住她，告诉她这么玩轮滑可不行。

·提问小课堂·

🧑 **兰兰** 爷爷，为什么不让我下楼去玩轮滑呀?

👴 **爷爷** 第一，你没有做热身运动;第二，你没有戴防护用具;第三，楼下不适合玩轮滑。

🧑 **兰兰** 玩轮滑还要注意这么多事情呀?

爷爷 当然啦！玩轮滑前必须做热身运动，除了轻、慢地滑行外，拉韧带，活动髋、膝、踝关节是必不可少的，至少要做5~10分钟热身运动。还要佩戴护腕、护肘、护膝和头盔等护具。在护具中以护膝最为重要，不论是初学者还是轮滑高手，膝盖是摔倒时着地概率最高、最容易受冲击的部位；头盔也很重要，万一摔倒，头部是最需要保护的部位。除此之外还需要注意，不要在过往行人很多的地方玩轮滑，也不要在坑洼不平、有斜坡和有积水的地方玩轮滑。

71

在路上遇到马蜂怎么办？

爷爷接兰兰放学，刚进小区大门，兰兰身边就出现一只马蜂，吓得兰兰拔腿就要跑。爷爷赶紧喊住她："兰兰别动，就站在那儿！"兰兰一动也不敢动，过了几分钟马蜂飞向了别处。

提问小课堂

兰兰 爷爷，为什么马蜂追我时，我不能奔跑呢?

爷爷 因为你顺着它们追的方向跑走，更会引起它们的注意。

兰兰 那躲避马蜂最好的办法是什么呢?

爷爷 遭遇马蜂，最好的办法不是奔跑，而是站住不动或蹲下，最好用衣物保护好自己的头颈。如果有条件，可以抓一把可燃物点燃，用烟雾驱散马蜂。

72

野外迷路
如何辨别方向?

兰兰最近爱看一档关于荒野求生的综艺节目，还立志长大以后要一个人去野外徒步旅行。爷爷听完她的话，直接抛出一

个问题："你在野外迷路了如何辨别方向？"

·提问小课堂·

🧓 **爷爷** 兰兰，你在野外迷路了如何辨别方向呢?

👧 **兰兰** 用指南针!

🧓 **爷爷** 那如果指南针失灵了呢?

👧 **兰兰** 那我就不知道了。

爷爷 让爷爷来告诉你吧！如果是在森林里，可以观察树木的年轮，在我们北半球，树木年轮较为宽的一面是南面，而较为窄的一面则是北面。如果是在高山上，先找山沟，一般山沟都会有水，顺水而下就一定可以走出大山。如果是在草原、沙漠中，天气较好的情况下，白天看太阳，晚上看星星：早上太阳刚升起时，面对太阳的方向为东，背后为西，左为北，右为南；晴朗的晚上可以直接寻找北斗七星，北斗七星的柄所指的方向就是正北方。若是阴天迷了路，可以靠树木或石头上苔藓的生长状态来获知方位，在北半球，树叶生长茂盛的一方即为南方，岩石上生长着苔藓的一方即为北方。

73

坐船时需要注意什么？

周末，爷爷带兰兰来颐和园坐龙船。这是兰兰长这么大第一次坐船，她异常兴奋，船刚开动没一会儿，兰兰就在船上跑来跑去，时不时看看外面的风景，爷爷赶紧阻止了她。

提问小课堂

兰兰 爷爷，为什么不能在船上奔跑呀？

爷爷 因为在船上奔跑打闹、追逐，可能会落水。乘客不要拥挤在船的一侧，以防船体倾斜发生事故。特别是小船，不要摇晃，要下蹲，分散坐好。

兰兰 除了不能奔跑打闹，坐船时还需要注意什么呢？

爷爷 要乘坐正规、有安全保障的船只；按规定穿戴好救生衣；安全有序上下船；船靠、离码头时，不要将头、手伸到窗外；遇紧急情况，也不要自作主张跳船，以防人员碰伤和落水。船驶过风景区时，不要集中在船一侧观景，以防船舶倾翻沉没。

74 怎么辨别蘑菇是否有毒?

兰兰和爷爷到森林公园里游玩,在爬山的过程中,兰兰突然看见一株颜色鲜艳的蘑菇,就大喊:"爷爷,快过来看,这有一株特别好看的蘑菇,可以拔下来吗?"爷爷回答:"不能拔,这可能是毒蘑菇!"

提问小课堂

兰兰 爷爷,您为什么觉得这是毒蘑菇呢?

爷爷 其实鉴别蘑菇是否有毒的难度是非常大的,民间流传的分辨部分毒蘑菇的方法,如菌柄上同时有菌环和菌托,菌褶剖面为逆两侧形的蘑菇多数有毒,颜色鲜艳的都是有毒的等,这些方法不都是科学的。我们能做的就是在野外看见蘑菇，不管有没有毒，都不要去拔。

兰兰 那毒蘑菇为什么会引起人中毒死亡呢？

爷爷 在我国，70%的蘑菇中毒导致死亡的事件是由鹅膏菌属中的种类引起的。简单来说，绝大多数"头上戴帽（指有菌盖）、腰间系裙（指有菌环）、脚上还穿鞋（指有菌托）"的蘑菇是鹅膏菌。这类蘑菇大部分是有毒的，因此，这类蘑菇千万不能采食。

75 去动物园为什么不能随意投喂动物？

周末，爷爷带兰兰去动物园游玩。兰兰在动物园看到了很多动物，高高的长颈鹿、凶猛的狮子、聪明的海狮等。兰兰来到猴子山，把放在包里的薯片和果冻拿了出来，准备喂给小猴子，爷爷却说："不能随意投喂动物，这些食品都不可以给小动物吃！"

·提问小课堂·

兰兰 爷爷，为什么在动物园不能随意投喂动物呀？

爷爷 首先要为你的安全考虑，动物园内其实设立了很多警示牌，写着"请勿投喂""注意栏杆间隙"等内容，大家一定要自觉遵守，很多游客的喂食引起了动物的疾病甚至死亡，喂食时也容易被动物抓伤或咬伤。一些可以喂食的动物也需要离得远远的，以也被动物咬伤。

兰兰 那除了安全问题，还有其他问题吗？

爷爷 随意投喂动物会破坏动物的正常饮食习惯，而且喂食过度，没有定量，动物们会受不了的。

76

发生泥石流时，
最佳躲避地点是哪里？

兰兰从报纸上看到一则可怕的消息：某地发生特大泥石流灾害。兰兰还特地上网看了一下视

频，看到泥石流像一条咆哮的黄龙般冲了过来，巨大的房子仿佛变成了沙堡，一下就被冲垮了，兰兰的心情无比沉痛。

·提问小课堂·

🔴 **兰兰** 爷爷，为什么会发生泥石流呢？

🔵 **爷爷** 泥石流多发生在山区或者其他沟谷深邃以及地形险峻的地区，因为暴雨、暴雪或其他自然灾害引发的山体滑坡并携带有大量泥沙以及石块而形成的特

殊洪流。泥石流具有突发性以及流速快、流量大、物质容量大和破坏力强等特点。泥石流常常会冲毁公路铁路等交通设施甚至村镇等，造成巨大的损失。

兰兰 那发生泥石流时，最佳躲避地点是哪里呢？

爷爷 遇到泥石流，要往与泥石流成垂直方向的山坡上跑，而不能顺着泥石流的方向往下游跑，并且不要停留在低矮的山坡处。

77 为什么大风天不能骑自行车？

秋天的一个下午，兰兰和爷爷到小区附近的公园散步，没想到天突然阴沉，刮起了狂风，兰兰赶紧骑上自行车准备回家，爷爷却说："不可以在大风天骑车，很危险的！"

·提问小课堂·

🐵 **兰兰** 爷爷，为什么大风天不能骑自行车呀？

👴 **爷爷** 在大风天中，顺风或逆风骑车虽不会对人造成太大危害，但是一旦侧风向骑行，有可能被大风刮倒，造成身体伤害。

🐵 **兰兰** 哦，这样啊。那在大风天出行还需要注意什么呢？

👴 **爷爷** 要注意不要在广告牌和老树下长期逗留，还要注意戴口罩、纱巾等防尘用品，以免沙尘对眼睛和呼吸系统造成损伤。

78

为什么大雾天气高速路会封路？

周末，兰兰一家准备去郊区游玩，没想到清晨却下起了大雾，爷爷的手机还收到了"大雾天

气高速路全部封闭"的短信。兰兰非常郁闷地说：
"难道今天我们只能待在家里了吗？"

·提问小课堂·

兰兰 爷爷，为什么大雾天气高速路会封路呀？

爷爷 因为在雾天，驾驶员进入雾区便是进入一片白茫茫的世界，增大了对环境和方向的辨别难度，驾驶员很难从周围的环境中把车辆辨别出来，也就是说，驾驶员的反应时间变长，导致道路发生交通事故的可能性大增，所以要封闭高速路。

79

高温天气
中暑了怎么办？

在一个骄阳似火的下午，兰兰跟爷爷从游乐场玩了半天回到家里，兰兰感觉头很重，抬不起来，手和脚也没有力气，汗也流不出来，精神也不好，不想讲话不想动，就躺在沙发上休息。爷爷走过来看兰兰脸色不对，询问了兰兰的症状，立刻拿出藿香正气水让兰兰喝下。

提问小课堂

兰兰 爷爷，高温天气中暑了应该怎么办呀？

爷爷 应该立刻停止活动并在凉爽、通风的环境中休息；脱去多余的或者紧身的衣服；如果有中暑的感觉但没有恶心呕吐，可以喝水或者运动饮料，也可以服用祛暑的药；还可以躺下，抬高下肢15 ~ 30厘米；把湿的凉毛巾放置在头部和躯干部以降温，或将冰袋置于腋下、颈侧和腹股沟处。如果情况没有改善，就要及时就医。

兰兰 为了防止中暑，我们应该做好哪些防护呢？

爷爷 出门做好防晒措施，切勿长时间在太阳底下暴晒；穿着宽松衣物；夏季炎热，适当使用空调；适当吃降暑食物，如西瓜、李子、香瓜、苦瓜、黄瓜、绿豆、海带等。

80

为什么不能踩井盖？

爷爷接兰兰放学回家，兰兰在路上看见下水道的井盖，控制不住双脚就想踩上去，爷爷赶紧把她拉走，

并且训斥了兰兰："不可以踩井盖，这样很危险！"

·提问小课堂·

兰兰 爷爷，这个井盖完好无损，为什么不能踩呀？

爷爷 有的井盖看起来完好无损，但是有可能是没有安装好的，或者井盖的质量不好，承担不了太大的重量，这时候你踩上去就会造成翻盖，你就会掉到井里，有的井很深，有水，还有毒气，会严重危害生命安全。有的人就不小心掉到里面而被困下水道，救援起来都很困难！

兰兰 这么可怕呀！我以后再也不踩井盖了！

防范侵害

81

走夜路有人尾随怎么办?

兰兰和爷爷一起观看新闻,发现有新闻报道关于女性被尾随跟踪所发生的各种伤害事件。兰兰对这些女性的遭遇表示同情,同时也想到,如果有一天自己遇到这种情况要怎么处理呢?

提问小课堂

兰兰 爷爷,如果有一天我走夜路也被人尾随,我要怎么办?

爷爷 先要观察地理环境,寻找最近的商场,因为商场里都安有摄像头。万一发生什么情况,可以提供视频资料。或者能打车就马上打车,这样可以快速远离可疑的人员。尾随者一般会选择阴暗僻静的地方下手，人越少越好，这样他可以迅速远离犯罪现场，所以你可以走到人多的地方去求助，这样会有很多热心的人帮助你。你还可以拨打电话给自己的亲人、朋友，告诉他们你的位置，让他们来接你，通常情况下尾随者会选择知难而退。

🧑 **兰兰** 原来有这么多方法，这下可学习到了。还是祈祷这种事情不要发生在我身上吧。

👴 **爷爷** 不过兰兰，你年纪尚小，即使有同学陪伴也应减少夜晚出行啊！

🧑 **兰兰** 好的，爷爷！

82 哪些部位是自己的隐私部位?

爷爷给兰兰讲了一个故事：小熊在森林里遇到了一只独角兽，它们成了好朋友。小熊一直对独角兽的角很好奇，想要摸一摸，但是独角兽说如果自己的角被摸了，它就会死去，小熊不相信，把独角兽骗到了山洞里，摸到了它的角。没想到小熊刚摸完独角兽的角，独角兽就死去了。

·提问小课堂·

兰兰 爷爷，为什么小熊摸独角兽的角，独角兽就死去了？

爷爷 因为小熊碰了独角兽的隐私部位，这个故事其实是在告诉小朋友们要保护好自己，不能让别人碰自己的隐私部位，也不可以乱摸别人的隐私部位。

兰兰 哪些部位算是隐私部位呢？

爷爷 简单来说，背心和小裤衩遮住的地方都是隐私部位，别人都不能碰。

83

为什么不能吃
陌生人给的食物？

爷爷给兰兰读绘本，讲的是大灰狼假扮成山羊老爷爷，给小白兔一颗糖果，小白兔吃了之后被迷晕，最后被可恶的大灰狼吃掉了的故事。爷爷问兰兰："如果有陌生人给你食物，你会怎么办呢？"兰兰开始思考这个问题。

·提问小课堂·

🧒**兰兰** 爷爷，为什么不能吃陌生人给的食物呢？

👴**爷爷** 就像咱们刚刚读的这个故事一样，大灰狼是带着目的接近小白兔的，为了获取小白兔的信任，他才假扮成了山羊老爷爷，给小兔子美味的糖果。现实生活中有的坏人为了拐卖小孩子，就像故事中的大灰

125

狼一样，用美味的食物引诱小孩子。一些小孩子不懂得分辨真假，很容易就中了坏人的圈套，跟着坏人走，然后就被拐卖了，所以你一定要小心，千万不可以吃陌生人给的食物，提高自我保护意识。

84 当父母不在家时可以给陌生人开门吗？

周末，兰兰一个人在家看电视，正当她看得入迷时，突然传来一阵敲门声。兰兰瞬间警惕起来，想起妈妈说过千万不要给陌生人开门。兰兰就假装听不见，没想到过了半分钟，门被打开了，站在门外的是双手提着菜的爷爷。

提问小课堂

🧒 **兰兰** 爷爷，您吓死我了，我以为是陌生人敲门呢！

👴 **爷爷** 哈哈，你还挺警惕，我两只手都提着菜，钥匙也不好找，就想着让你来开门。不过，当你真的遇到陌生人敲门，你这种假装听不见、不闻不问的做法也是不可取的！

🧒 **兰兰** 为什么呢？

👴 **爷爷** 如果门外是小偷敲门试探家里有没有人，你不回应反而更让他心存侥幸觉得家里没人，进而进来偷盗。

🧒 **兰兰** 那正确的做法应该是怎样的呢？

👴 **爷爷** 你可以把家里的电视或音响设备打开，可以让坏人误以为家里有人，不敢做坏事，或者假装喊爸爸妈妈，把坏人吓走。

🧒 **兰兰** 如果门外的人说是爸爸妈妈的朋友或同事呢？

👴 **爷爷** 那你也要提高警惕不要开门，询问他有什么事情，说你可以代为转达。如果说是上门收水电煤气费的，也不要开门。如果陌生人一直不走的话，你就要赶快报警了！

85

如何保护自己的身体？

暑假，爷爷给兰兰开设防侵害小课堂"如何保护自己的身体"。爷爷问兰兰："你和好朋友拉手是什么感觉？"兰兰笑着说："开心，喜欢！"爷爷又问："那如果有不认识的叔叔抓着你的手呢？"兰兰眉头一皱说："讨厌！"

·提问小课堂·

兰兰 爷爷，如果遇到陌生人拉着我的手时我应该怎么做呢？

爷爷 要大声喊"放开我""住手"，我们每个人的身体都很宝贵，所以一定要懂得保护自己，不能让人随便触摸。

兰兰 那应该怎么保护自己的身体呢？

爷爷 不管是熟悉的人还是陌生的人亲近你，感觉讨厌的时候一定要大声说出来。在外面遇到这种情况时，可以跑到人多的地方去求助，比如商场、饭店等。另外，遇到这种事一定要告诉爸爸妈妈，因为不管在什么时候爸爸妈妈都会保护你的，记住了吗？

兰兰 好的，我记住了！

86 在外面和家长走散了怎么办？

爷爷和兰兰来商场买玩具熊，兰兰刚踏进玩具区时就发现一个小妹妹在原地转圈，眼里噙满了泪水，看起来很着急。兰兰上前询问才

知道小妹妹和她妈妈走散了，兰兰问清了小妹妹的妈妈的名字，就和爷爷带她来到了商场广播室，不一会儿，小妹妹的妈妈就来接她了。

·提问小课堂·

兰兰 爷爷，如果我在外面和家长走散了应该怎么办呀？

爷爷 一旦和家长走散了，必须站在原地等家长，不能自己乱走乱窜，你要知道家长找不到你也会很着急的，他们也会到处找你，你待在原地不动，他们就会更容易找到你，如果你自己到处乱走，很容易和家长错过。还要记住，不要害怕、惊慌，更不能哭闹，一旦哭闹，就会让坏人知道你和家长走散了，这样就会很危险。如果家长长时间没有找到你，你可以向警察、保安或工作人员寻求帮助，请求他们的帮助时要清楚描述自己的处境、状况，并提供家长的联系方式，或让工作人员帮忙广播寻找家长。

87

去医院检查时，医生让我掀开衣服有必要吗？

兰兰最近感觉胸口憋闷，妈妈带她来医院检查。由于需要做心电图，医生让兰兰掀开上半身的衣服，兰兰很害羞，一直不肯。

·提问小课堂·

兰兰 爷爷，做检查时为什么要掀开衣服呀？

爷爷 如果需要做心电图，可能会掀开上半身的衣服，尤其是不能穿带有钢圈的内衣，检查前也要脱掉金属配件。如果做腹部B超，检查时也需要把上衣往上掀，裤子往下褪，把检查的腹部露出就行。

兰兰 如果所做的检查根本不需要掀开衣服，医生却让我把衣服掀开呢？

爷爷 遇到这种情况要拒绝，并且要及时告诉家长，上报医院让医院处置这位医生。

88 怎么判断自己是否属于被欺凌者？

开学第一天，爷爷发现兰兰从学校回来后表情凝重，于是询问兰兰怎么了。兰兰回答说："有个男生给我起外号，我很不舒服！"爷爷安慰兰兰："这可能是无心之举，你可以告诉他这么做让你不舒服；如果他没有改，并且长期这样对你进行羞辱，那你一定要告诉老师，你属于被欺凌者。"

·提问小课堂·

兰兰 爷爷，怎么判断自己是否属于被欺凌者呀？

爷爷 自己是否属于被欺凌者可以根据以下几条来判断：①被某人起侮辱性绰号，并长期以绰号对你进行羞辱，让你感觉不舒服或产生不适等不良情绪或心理困扰。②被某人进行重复性、经常性的物理攻击。例如，拳打脚踢、掌掴拍打、推撞绊倒、拉扯头发；使用管制刀具、棍棒等攻击自己。③被某人长期侵犯个人财产，损坏自己的私人物品等。④被某人经常性地传播关于自己的消极谣言和闲话，使自己产生心理压力等。⑤被某人长时间恐吓，威逼做自己不想做的事，并且必须听从命令。⑥被某人不间断地中伤、讥讽、贬抑、评论自己的体貌、家庭收入水平、国籍、家人或其他。⑦被某人制造分派系结党，长期导致自己被孤立或排挤。⑧被某人敲诈：强索金钱或物品。⑨被某人画侮辱性的画，并将画在同学之间传阅、取笑等。⑩被某人拍摄一些带有侮辱性的视频并上传到网上。

89

被坏人威胁恐吓了怎么办？

一天放学，兰兰和同学在一个小巷子里被几个坏人截住了，这几个坏人询问她们身上有没有零钱，还警告

她们如果没有，接下来的几天会一直在这里等她们。兰兰急中生智，大声呼救，吸引了很多人的注意，坏人被吓得逃走了。

·提问小课堂·

兰兰 爷爷，被坏人威胁恐吓了怎么办呀？

爷爷 第一，保持镇定。在遇到坏人时，即使心里害怕得不行，也要保持镇定的神情，不能让对方察觉到自己的软弱，以免对方得寸进尺。第二，向人群密

集的地方走动。被坏人跟踪时，要向着人群密集的场所走动，不走偏僻的巷子或少人经过的场所。这样不仅方便自己求救，也能让坏人知难而退。第三，进入正规的店铺内躲避。当通过一般途径摆脱不了坏人时，可以进入一些大型商场或超市进行躲避，同时可以通过这些场所的其他出口安全离开。第四，大声呼喊。在被坏人威胁恐吓时，可以通过大声呼喊吸引路人的注意，同时吓住对方，让对方不敢继续骚扰自己。

90 经常被人欺负，可以带凶器防身吗？

兰兰放学回家告诉爷爷："班里的一个小男生经常被别的男生欺负，今天他终于反抗了，用小刀划伤了其中一个男生的胳膊，但是老师却把这个经

常被欺负的男生的家长叫来了，并狠狠地批评了他，明明不是他的错。"

·提问小课堂·

🧒**兰兰** 爷爷，经常被别人欺负，难道还要忍气吞声吗？不能用武器防身吗？

👴**爷爷** 如果是人身攻击，那么你可以进行还击。如果是言语攻击，那就不能用携带的凶器进行攻击，那就是你先行凶了。正当防卫在法律上是有明确规定的，如果你防卫过度，致人受伤或死亡也是要负法律责任的。

🧒**兰兰** 那受到欺负的时候应该怎么办呢？

👴**爷爷** 首先，要告诉家长，从头到尾把事情的经过给家长讲一遍，让家长客观地判断欺负孩子的同学是有意还是无意。其次，让家长保持冷静，心平气和地和老师沟通，没有一个老师希望和愤怒中的家长沟通，和老师沟通好后请老师帮忙解决该问题。最后，让家长找欺负自己孩子的家长协调，轻微的打闹可以理解，如果有严重的暴力行为，必须和当事孩子的家长进行协调，协调时要保持冷静，把事情的经过说清楚，理性地解决问题。

91

可以不顾
危险见义勇为吗？

兰兰看到一条新闻，某市公交车上的乘客遭遇歹徒行凶，有个人见义勇为和歹徒搏斗起来，结果被歹徒用刀刺伤了。兰兰看完之后感觉太可怕了，她跑去问爷爷以后可不可以见义勇为。

·提问小课堂·

兰兰 爷爷，在发现别人有危险时，可以不顾自己的安危见义勇为吗？

爷爷 见义勇为是中华民族的优良传统，应该继承和发扬，所以见义勇为的行为肯定是应该提倡的，但是在具体的实施过程中，还是要多考虑一些因素，做到有智慧地去救人。见义勇为者要保证自己有能力去帮助别人，比如见到有人落水，想要去施救，首先自己要会游泳，不然不仅救不了别人，反而搭上了自己的一条性命。遇到这种情况可以先拨打求救电话或组织周围人一起救助，这才是智慧。另外，就拿这次公交车事件来说，如果你没有能力去和歹徒搏斗，你可以选择拨打110报警，或者向周围的人求助，告诉别人这里发生了什么，只要能让别人受的损害小一些，只要是你力所能及地做了一些好事、有用的事，你就是成功的。

92 放学独自回家要注意哪些问题？

兰兰的爸爸妈妈这几天出差了，爷爷最近有些事情要忙，就不能接兰兰回家了，所以爷爷专

门给兰兰开设了一期安全意识小课堂，告诉兰兰放学独自回家要注意哪些问题。

·提问小课堂·

兰兰 爷爷，放学没有人接，我真的可以自己回家吗?

爷爷 当然可以啊，自己回家可以增强你的独立性，也能提高你的自信心和胆量。

兰兰 那放学独自回家需要注意哪些问题呢?

爷爷 第一，留意放学路上的陌生人；第二，注意马路上的过往车辆，保证自己的安全；第三，放学路上不要贪吃贪玩，要赶紧回家。

93

公交车上
遇到小偷怎么办？

周末，兰兰和爷爷坐公交车去钓鱼。就在大家都昏昏欲睡的时候，兰兰迷迷瞪瞪地看见有个叔叔把手伸入了旁边人的包里，兰兰赶紧摇

醒爷爷，问他怎么办。爷爷急中生智打了个响亮的喷嚏，小偷真的被这突如其来的声音给吓了一跳，手不自觉地抖了一下，慌慌张张地在下一站下车了。

提问小课堂

🧒**兰兰** 爷爷，公交车上遇到小偷怎么办呀？

👴**爷爷** 第一，要第一时间提醒被偷人上。看见小偷

正在偷东西的时候，我们要想办法通知被偷人，告诉他小心你的东西，车上有小偷。第二，可以发短信报警，告诉警察什么班次什么路段有小偷，让警察来拦截捕他们。第三，看见小偷的时候，可以尝试偷偷告诉司机，车上有小偷，让司机通知大家注意财物的安全。第四，一旦遇到小偷的话，可以尝试偷偷建议司机把车开到派出所，让民警去处理。

94 陌生人要带你走怎么办？

周末，兰兰一个人刚从超市买完冰激凌，就听见后面有个人喊她，她回头一看，是一个不认识的阿姨正急匆匆地赶过来。阿姨说："小朋友，你爸爸刚才被车撞了，现在在医院呢，快跟我去看看吧。"但是兰兰从来没有见过这个阿姨，想起平时爷爷嘱咐她的安全知识，便马上朝大马路上跑，大喊"救命"，这个阿姨不但没追上来，还被兰兰的叫喊声吓跑了！

·提问小课堂·

兰兰 爷爷，如果遇到陌生人要带我走，应该怎么办？

爷爷 切记，千万不能跟陌生人走！如果陌生人强行要带你走，记得要大声向周围的人求助，大喊"救命"。

兰兰 那怎么才能避免诱拐事件的发生呢？

爷爷 要和家人或者朋友一起出门；不要去偏僻的地方玩耍，也不要走那些看起来很危险或者很偏僻的近路；没有家长的允许，不要接受陌生人给的玩具、钱和零食；当你发现自己被陌生人跟踪时，要去人多的地方求助。遇到陌生人问路，可以给对方指引，但是如果对方要求你带路，就要提高警惕了，不管对方用金钱或者是糖果等任何东西做诱饵，都不要答应对方，可以让对方去问警察。如果对方纠缠，要大声呼救。

95

晚上可以
一个人打出租车吗？

电视的新闻中正在播报：女生深夜打车遇害。兰兰说："最近这种事情频繁发生，吓得我都不敢坐出租车

了！"爷爷安慰她说："从安全角度来考虑，打车属于相对安全的行为，但还是需要注意一些细节问题。"

·提问小课堂·

兰兰 爷爷，晚上可以一个人打出租车吗？

爷爷 可以的，但是要注意很多问题：第一，打车之前要和家人保持联系，确定路线。第二，上车之后

要将出租车的相关信息发送给家人确认，让家人明白你何时、何地上了什么车，具体的车牌号是什么，驾驶员的体貌特征如何等。第三，一定记得要求驾驶员选择大道行驶，不要走没有路灯照亮、没有指示牌的小道，一般驾驶员都会尊重客人的意见。第四，上车以后，可以一直与家人保持电话联系且不中断，一方面可以让家人随时知道自己身在何处，另一方面也是提醒自己，要随时警惕各种情况的发生，不能马虎，不能大意。第五，千万不要暴露随身携带的财产信息，也不要将身份证、银行卡等相关证件随便给驾驶员查看。

96 如果被人跟踪了怎么办？

这几天放学的路上，兰兰总感觉有人在跟踪自己。这一天，兰兰放学时故意放慢脚步，在一个拐弯处向后看，兰兰瞥到一个同龄的男生一直跟在她后面。兰兰不理解他为什么要跟着自己，很紧张，赶紧加快脚步回了家，进了门第一时间告诉了爷爷。

提问小课堂

兰兰 爷爷，这个男生为什么会跟踪我呢？难道他想和我交朋友吗？

爷爷 那可不一定，你看到跟踪人是同龄人，就可能会放松警惕。现在未成年犯罪现象不容忽视，同龄人侵害同龄人的案件时有发生，要警惕未成年犯罪。

兰兰 那如果下次我再看到他跟踪我应该怎么办呀？

爷爷 一旦发现他再跟踪你，要第一时间想办法摆脱他，可以先走到人多的地方，或者去附近的派出所找警察叔叔帮助。有一点你做得很对，第一时间告诉了家长，这样会引起家长的重视，护送你上下学，避免危险的发生。

97

在酒店里发现针孔摄像头怎么处理？

暑假，兰兰一家去海边游玩，兰兰很久没有住酒店了，到了酒店东摸摸西瞧瞧。突然，兰兰在厕所的水龙头上发现里面有一个东西在闪烁，急忙叫来妈妈问这是什么。妈妈过来一看，大惊失色，说："这是针孔摄像头，有人在偷拍。"兰兰吓得赶紧去隔壁房间找爸爸和爷爷。

提问小课堂

兰兰 爷爷，在酒店里发现针孔摄像头应该怎么处理呀？

爷爷 一旦发现针孔摄像头这种偷拍设备，要第一时间报警，让犯罪分子受到法律的制裁。

兰兰 那怎么才能发现针孔摄像头呢？

爷爷 入住酒店时可以先进行简单的排查，特别是正对床、更衣室、卫生间的位置，观察房间内路由器、电视机、空调、插座等物体上是否有异常的孔状装置和异常的指示灯。还可以借助手机的相机功能探查是否有红外线的存在，拉上窗帘，关闭所有灯，打开手机的照相机，对准房间扫视一圈，能使手机屏幕出现亮斑的地方就是可疑之处，发现之后就开灯进行查验。

98 可以和家长玩失踪游戏吗？

最近，兰兰的同桌因为爸爸妈妈很忙，感觉自己被冷落了，就萌生出一个大胆的想法，玩失

踪，看看父母着不着急。她还邀请兰兰一起玩这个游戏，兰兰觉得一点儿也不好玩，就拒绝了她的邀请，回家之后就把这件事告诉了爷爷。

·提问小课堂·

🧒**兰兰** 爷爷，可以和家长玩失踪游戏吗？

👴**爷爷** 当然不可以了！如果玩失踪游戏，你可能就会真的跑到一个陌生的地方，会有迷路的危险；同时，这种行为也会让家长着急，容易对家长造成精神伤害；另外，如果所有人都找不到你，联系不上你，万一你真的遇到坏人，会发生危险。

兰兰 那如果有一天我被爸爸妈妈或者爷爷冷落了，也萌生出这种想法怎么办呢？

爷爷 你应该第一时间主动找爸爸妈妈或者爷爷聊天、谈心，直接说出自己被忽略的感受，而不是用玩失踪的方法来引起我们的注意和关心。小朋友离家出走之后发生危险的例子数不胜数，一定要吸取教训。

兰兰 我明白了，我肯定不会这样做的。可是我应该怎么制止我的同桌呢？

爷爷 你把刚才爷爷告诉你的话跟她重复一遍，如果她听不进去，依旧要和家长玩失踪，你要第一时间告诉老师和她的爸爸妈妈，以免发生意外。